資料庫系統－MTA 認證影音教學

李春雄 著

翔利得資訊科技有限公司 總策劃

 全華圖書股份有限公司 印行

【序】

　　翊利得資訊科技有限公司董事長邱月香女士，除熱心投入社會公益與關懷弱勢族群活動外，更是積極持續推動Microsoft MOS、MTA國際專業認證、Adobe ACA國際專業認證以及Certiport IC3國際專業認證，於全國100多所大專院校，為方便學生就近考取國際認證，陸續於北、中、南地區大專院校成立認證中心。同時每年舉辦各項認證競賽之北、中、南地區初賽、決賽，選出前幾名，邱董事長出錢出力，親自帶領「台灣學生代表隊」參加各項認證之世界盃競賽，成果豐碩。歷年共獲得多面金牌，為台灣學生在國際舞台增加母校國際知名度及曝光度，並成功培育國內學校人才。

　　本書作者書籍出版經驗相當豐富，撰寫過之書籍數十本，累積實戰與教學經驗多年，特別將教學心得撰寫成書與讀者分享其成果，並以系統化淺顯易懂的方式引導讀者入門，只要能熟練本書解題對策，就能輕鬆建立正確觀念。

　　本書特色：利用書籍教學打造即時學習環境，透過「實作範例」、「動態影音教學」與「教師手冊」，Step by Step密集自修，讀者可舉一反三，迎刃而解，並提升專業知識，快速通過MTA具有公信力的國際專業認證考試，爭取參加國際性的競賽，建立自我學習的能力與信心！

台灣隱私權顧問協會 理事長

陳振楠 博士

第 5 章　SQL之資料操作語言

第 6 章　SQL之資料查詢語言

第 7 章　合併理論

第 8 章 T-SQL程式設計

第 9 章 交易管理

第 10 章 檢視表（View）

第 11 章 預存與觸發程序

第12章 資料庫安全

第13章 檢定模擬試題

CHAPTER 0

MTA Certification

MTA國際認證簡介

一、MTA國際認證介紹

1. Microsoft Technology Associate（簡稱MTA），是Microsoft與國際專業認證考試機構Certiport共同推出。

2. 根據IDC調查，未來五到十年，MTA國際認證將可減少40%IT職務的缺口，也是人力銀行網站調查最受歡迎的工作技能。

3. 無論是資訊相關科系的老師與學生，或程式設計人員、電腦遊戲設計師、作業系統人員、教育工作者、電子商務等工作族群，通過MTA認證，將是取得IT職務的最佳優勢。

二、MTA的特色與優勢

1. 落實與驗證個人在技術發展生涯中，所需要的專業核心技能與知識。

2. 預計有19種語言，發行128個國家，通過該科即核發由原廠Microsoft認可的國際證書。

3. 中文版試題，即測即評系統搭配實作題，是最公正客觀的考試，可作為在專業技能上的有利佐證。

4. 人力銀行網站調查最受歡迎的技能，在眾多求職者中，擁有MTA國際認證，才能脫穎而出。

5. 充分展現個人在職場上的競爭優勢。

6. MTA核心認證將可減少未來五到十年IT工作類群40%缺口技能。

7. 71%的微軟認證專家（MCP）表示，取得Microsoft專業認證將獲得更多升遷機會與加薪。

三、MTA考試內容介紹

MTA考試科目共分三大資訊領域（資料庫管理Database、系統開發Developer、資訊技術IT Pro），七大核心科目。

⊞表0-1　MTA考試科目

三大資訊領域	七大核心科目	核心能力內容
資料庫管理 Database	資料庫管理能力 Database Fundamentals	✖ 資料庫的核心觀念 ✖ 創建資料庫物件 ✖ 處理資料 ✖ 資料儲存方式 ✖ 管理資料庫
系統開發 Developer	軟體研發能力 Software Development Fundamentals	✖ 一般軟體研發知識與技術 ✖ 程式設計知識與技術 ✖ 物件導向程式設計 ✖ 網頁應用程式研發 ✖ 桌上應用程式研發 ✖ 資料庫
	視窗軟體研發能力 Windows Development Fundamentals	✖ 視窗程式設計原理 ✖ 視窗表單應用程式 ✖ 創建WPF應用程式 ✖ 視窗服務應用程式 ✖ 視窗表單程式資料存取 ✖ 發佈視窗應用軟體
	網站研發能力 Web Development Fundamentals	✖ 網頁應用程式的研發 ✖ 資料與服務的運作 ✖ 客戶端程式碼的運作 ✖ 網頁程式發佈/設定 ✖ 網頁應用程式的維護與問題解決
資訊技術 IP Pro	伺服器管理能力 System Administrator Fundamentals	✖ 伺服器安裝方法 ✖ 伺服器的功能角色 ✖ Active Directry ✖ 儲存裝置 ✖ 伺服器效能管理 ✖ 伺服器維護

資訊技術 IP Pro	網路管理與應用能力 Networking Fundamentals	✖ 網路核心能力建設 ✖ 網路硬體 ✖ 網路協定與服務
	網路安全管理能力 Security Fundamentals	✖ 安全層次 ✖ 作業系統安全 ✖ 網路安全 ✖ 安全軟體

資料來源：翊利得資訊科技有限公司 (http://www.mos.org.tw)

四、考試情況

1. 出題方式：MTA認證的檢定題目均以「中文」出題，並且大部分是單選題，如為複選題時，則題目會有註明。共35題。

2. 測驗方式：採用「線上即測即評」的方式來進行。

3. 測驗時間：45分鐘。

4. 通過門檻：滿分100分，及格是70分。

五、Q&A

Q 考生在測驗完成後，多久可以得知成績結果。

A 即時看得到。

Q MTA證照有效期限有多少年呢？

A 5年。

Q MTA證照共有七科，請問是否可以只考某一科呢？

A 可以。

CHAPTER 1

MTA Certification

資料庫導論

1-1 資料庫的意義

隨著資訊科技的進步，資料庫系統帶給我們極大的便利。例如：我們要借閱某一本書，想知道該本書是否正放在某一圖書館中，並且尚未被預約借出。此時，我們只要透過網路就可以立即查詢到這本書的相關訊息。而這種便利性**最主要的幕後功臣**就是圖書館中有一部功能強大的**資料庫**。

1-1-1 何謂資料庫（Database）

簡單來說，**資料庫**就是<u>儲存資料的地方</u>，這是比較不正式的定義方式。比較正式的定義：資料庫是<u>一群相關資料的集合體</u>。就像是一本**電子書**，資料以不重複的方式來儲存許多有用的資訊，讓使用者可以方便及有效率的管理所需要的資訊。

常見的應用如下所示：

範例1▶▶ 個人通訊錄上的運用

範例2▶▶ 行動通訊錄的運用

範例3▶▶ 在校務行政系統的學生「成績處理系統」之運用

1-1-2 使用資料庫的好處

資料庫除了可以讓我們依照群組來儲存資料，以方便爾後的查詢之外，其最主要的好處非常多，我們可以歸納以下七項：

1. **降低**資料的**重複性**（Redundancy）
2. **達成**資料的**一致性**（Consistency）
3. **達成**資料的**共享性**（Data Sharing）
4. **達成**資料的**獨立性**（Data Independence）
5. **達成**資料的**完整性**（Integrated）
6. **避免**紙張與**空間浪費**（Reduce Paper）
7. **達成**資料的**安全性**（Security）

1-2 資料庫與資料庫管理系統

我們都知道，資料庫是儲存資料的地方，但是如果資料只是儲存到電腦的檔案中，其效用並不大。因此，我們還需要有一套能夠讓我們很方便地管理這些資料庫檔案的軟體，這軟體就是所謂的「**資料庫管理系統**」。

什麼是「資料庫管理系統」呢？其實就是一套**管理「資料庫」的軟體**，並且它可以同時管理數個資料庫。因此，「資料庫」加上「資料庫管理系統」，就是一個完整的「資料庫系統」了。所以，一個資料庫系統（Database System）可分為資料庫（Database）與資料庫管理系統（Database Management System；DBMS）兩個部分。如圖1-1資料庫、資料庫管理系統及資料庫系統關係圖所示。

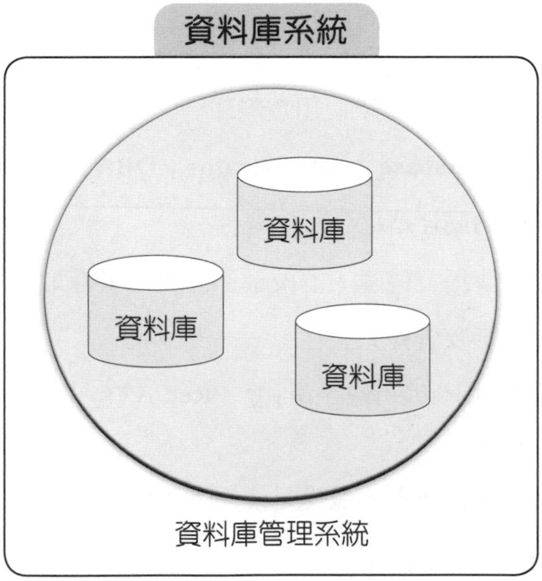

圖1-1 資料庫、資料庫管理系統及資料庫系統關係圖

重要觀念

1. **資料庫（Database；DB）**：是由一群相關資料組成的集合體。
2. **資料庫管理系統（Database Management System；DBMS）**：管理資料庫檔案的軟體（如：Access）。
3. **資料庫系統（Database System；DBS）**＝資料庫（DB）＋資料庫管理系統（DBMS）。

1-2-1 資料庫系統的組成

嚴格來說，一個資料庫系統主要組成包括：資料、硬體、軟體及使用者。

一、**資料**：即資料庫；它是由許多相關聯的表格所組合而成。

二、**硬體**：即磁碟、硬碟等輔助儲存設備；或稱一切的周邊設備。

三、**軟體**：即資料庫管理系統（Database Management System；DBMS）。

　　1. 是指用來管理「使用者資料」的軟體。

　　2. 作為「使用者」與「資料庫」之間的介面。

　　3. 目前常見的有：Access、MS SQL Server、Oracle、Sybase、IBM DB2。

四、**使用者**：一般使用者、程式設計師及資料庫管理師。

　　1. **一般使用者（End User）**：直接與資料庫溝通的使用者（如：使用SQL語言）。

　　2. **程式設計師（Programmer）**：負責撰寫使用者操作介面的應用程式，讓使用者能以較方便簡單的介面來使用資料庫。

　　3. **資料庫管理師（Database Administrator；DBA）**的主要職責如下：

　　　　(1) 定義資料庫的屬性結構及限制條件。

　　　　(2) 協助使用者使用資料庫，並授權不同使用者存取資料。

　　　　(3) 維護資料安全及資料完整性。

　　　　(4) 資料庫備份（Backup）、回復（Recovery）及並行控制（Concurrency control）作業處理。

　　　　(5) 提高資料庫執行效率，並滿足使用者資訊需求。

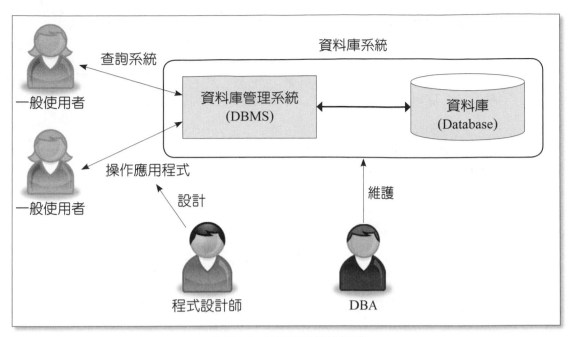

❊ 圖1-2 資料庫系統的組成

綜合上述，我們可以從圖1-2中來說明「資料庫系統」。一般使用者在前端（Client）的介面中，操作應用程式及查詢系統，必須要透過DBMS才能存取「資料庫」中的資料。而要如何才能管理後端（Server）之資料庫管理系統（DBMS）與資料庫（Database）的資料存取及安全性，則必須要有資料庫管理師（DBA）來維護之。

1-2-2 資料庫管理系統的功能

在上面的章節中，我們已經瞭解資料庫管理系統（DBMS）是用來管理「資料庫」的軟體，以作為「使用者」與「資料庫」之間溝通的介面。因此，在本單元中，將介紹DBMS是透過哪些功能來管理「資料庫」呢？其主要的功能如下：

1. **資料的定義**（Data Define）
2. **資料的操作**（Data Manipulation）
3. **重複性的控制**（Redundancy Control）
4. **表示資料之間的複雜關係**（Multi-Relationship）
5. **實施完整性限制**（Integrity Constraint）
6. **提供「備份」與「回復」的能力**（Backup and Restore）

一、資料的定義（Data Define）

定義▶▶ 它是建立資料庫的第一個步驟

是指提供DBA建立資料格式及儲存格式的能力。亦即設定資料「欄位名稱」、「資料類型」及相關的「限制條件」。其「資料類型」的種類非常多。

範例▶▶ 文字、數字或日期等等，此功能類似在「程式設計」中宣告「變數」的「資料型態」。如圖1-3所示。

❖圖1-3 資料的定義

二、資料的操作（Data Manipulation）

在定義完成資料庫的格式（亦即建立資料表）之後，接下來，就可以讓我們儲存資料，並且必須能夠讓使用者方便的存取資料。

定義▶▶ 是針對「資料庫執行」四項功能：

1. **新增**（INSERT）

2. **修改**（UPDATE）

3. **刪除**（DELETE）

4. **查詢**（SELECT）

範例 ▶▶ 新增「學號」為'S0004'，「姓名」為'李安'同學的紀錄到「學生資料表」中。

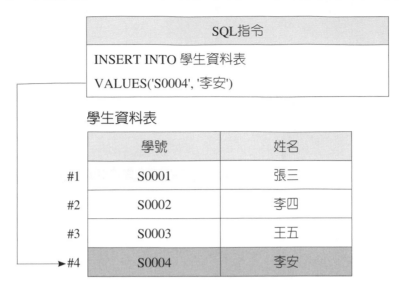

	SQL指令
INSERT INTO 學生資料表	
VALUES('S0004', '李安')	

學生資料表

	學號	姓名
#1	S0001	張三
#2	S0002	李四
#3	S0003	王五
#4	S0004	李安

三、重複性的控制（Redundancy Control）

功能 ▶▶ 主要是為了達成「資料的一致性」及「節省儲存空間」。

作法 ▶▶ 設定「主鍵」來控制。如圖1-4所示。

設定主鍵

⚏圖1-4 為資料庫設定主鍵

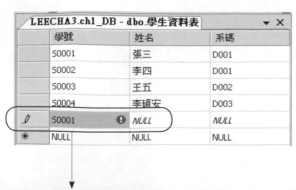

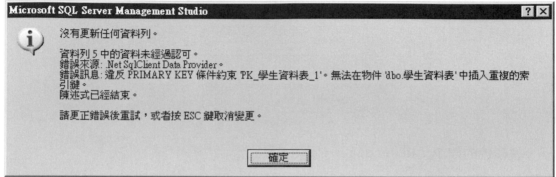

✂圖1-5　重複性的控制

說明：當「學號」設定為主鍵時，如果再輸入相同的學號時，就會產生錯誤。

四、表示資料之間的複雜關係（Multi-Relationship）

定義▶▶ 是指DBMS必須要有能力來表示資料之間的複雜關係，基本上，有三種不同的關係，分別為：**1.一對一；2.一對多；3.多對多。**

範例▶▶ 學生校務資料庫關聯圖

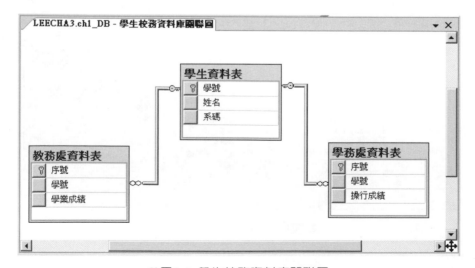

✂圖1-6　學生校務資料庫關聯圖

隨堂實作▶▶ 學生借書資料庫關聯圖

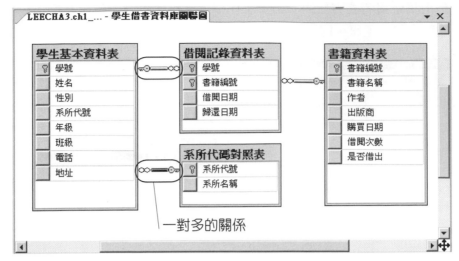

❀圖1-7 學生借書資料庫關聯圖

五、實施完整性限制（Integrity Constraint）

定義▶▶ 是指用來規範關聯表中的資料在經過新增、修改及刪除之後，將錯誤或不合法的資料值存入「資料庫」中。如圖1-8所示。

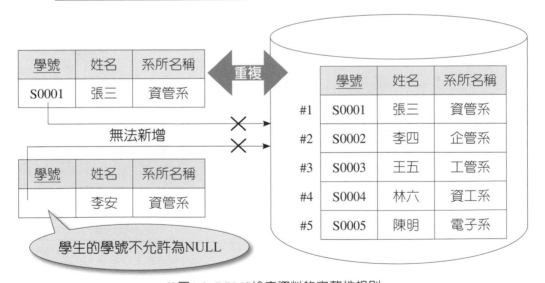

❀圖1-8 DBMS檢查資料的完整性規則

六、提供「備份」與「回復」的能力（Backup and Restore）

定義▶▶　是指讓使用者能方便的「備份」或轉移資料庫內的資料，在系統毀損時，還能將資料「還原」回去，減少損失。如圖1-9所示。

❀圖1-9

1-2-3 常見的資料庫管理系統

目前市面上常見的資料庫管理系統，大部分都是以「關聯式資料庫管理系統」為主。

一、常見的商業資料庫系統

1. SQL Server（企業使用）：微軟公司（Microsoft）所開發。

　　【使用對象】企業的資訊部門。

2. Access（個人使用）：微軟公司（Microsoft）所開發。

　　【使用對象】學校的教學上及個人使用，它屬於微軟Office系列中的一員。

3. DB2：是由IBM公司所開發。

4. Oracle：是由甲骨文公司（Oracle Corporation）所開發。

5. Sybase：是由賽貝斯公司所開發。

6. Informix：是由Informix公司所開發。

二、常見的免費資料庫系統

1. MySQL

2. MySQL MaxDB

3. PostgreSQL

1-3 資料庫的階層

資料庫的階層是有循序的關係，也就是由小到大的排列，其最小的單位是Bit（位元）；而最大的單位則是Database（資料庫）。

資料依其單位的大小與相互關係分為幾個層次，說明如下：

Bit（位元）→Byte（位元組）→Field（資料欄）→Record（資料紀錄）→Table（資料表）→Database（資料庫）。如圖1-10所示：

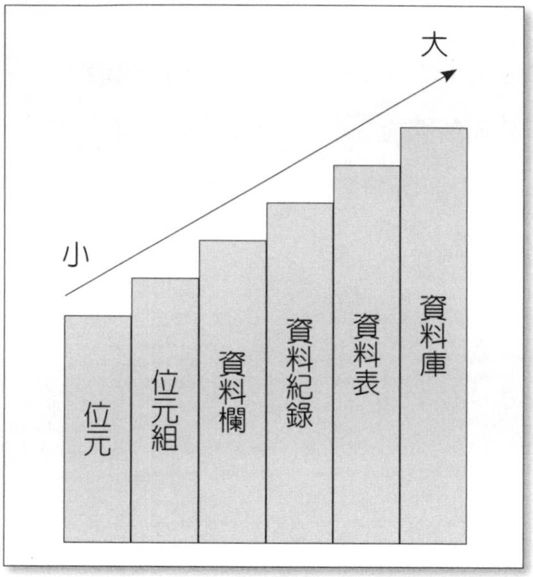

圖1-10 資料庫階層示意圖

資料庫是由許多資料表所組成；每一個資料表則由許多筆紀錄所組成；每一筆紀錄又以許多欄位組合而成；每一個欄位則存放著一筆資料。

除了從資料庫階層的觀點之外，我們可以從資料庫剖析圖來詳細說明。如圖1-11所示。

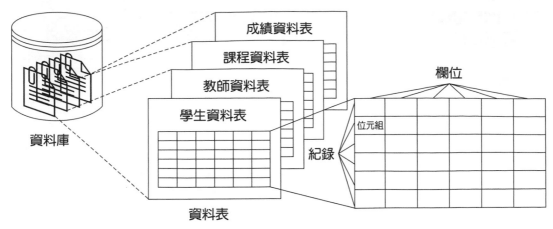

❇圖1-11 資料庫剖析圖

1. 「**資料庫（Database）**」是由許多個「資料表」所組成的。

2. 「**資料表（Table）**」則是由許多個「資料紀錄」所組成的。

3. 「**資料紀錄（Record）**」是由好幾個「欄位」所組成。

4. 「**欄位（Field）**」是由許多個「位元組」組成的。

　　綜合上述，如表1-1所示。

❇表1-1　資料庫階層表

資料庫階層	階層描述	資料範例
位元 (Bit)	1. 數位資料最基本的組成單位 2. 二進位數值	0或1
位元組 (Byte)	1. 由8個位元所組成 2. 透過不同位元組合方式可代表數字、英文字母、符號等，又稱為字元（character） 3. 一個中文字元是由兩個位元組所組成	10100100
欄位 (Field)	1. 由數個位元組所組成 2. 一個資料欄位可能由中文字元、英文字元、數字或符號字元組合而成	學號
資料紀錄 (Record)	1. 描述一個實體（Entity）相關欄位的集合 2. 數個欄位組合形成一筆紀錄	個人學籍資料
資料表 (Table)	由相同格式定義之紀錄所組成	全班學籍資料

✖ 表1-1　　資料庫階層表(續)

資料庫階層	階層描述	資料範例
資料庫 (Database)	由多個相關資料表所組成	校務行政資料庫，包括：成績資料表、學籍資料表、選課資料表…等
資料倉儲 (Data Warehouse)	1. 整合性的資料儲存體 2. 內含各種與主題相關的大量資料來源 3. 可提供企業決策性資訊	教育部的全國校務行政資料倉儲，可進行彙整分析提供決策資訊

1-4
資料處理模式的演進

　　在早期的資料處理模式是利用人工作業方式，但是，隨著企業組織逐漸擴展，許多企業已經無法負荷龐大的資料量。例如：無法提供足夠的空間放置龐大客戶的歷史資料（交易紀錄），導致查詢時間過長的問題，以致於工作效率下降。因此，如何有效的提升內部資料處理能力，就必須要透過目前的資訊科技的協助，進而提升企業的競爭力。

　　資料處理模式所使用的方式可以分成以下幾個演進階段：

第一階段—「人工作業」方式

第二階段—以電腦化「循序檔」系統方式

第三階段—以電腦化「直接檔」系統方式

第四階段—以「紀錄」為處理單元的「資料庫管理系統」方式

第五階段—以「物件」為處理單元的「資料庫管理系統」方式

第六階段—資料倉儲與資料探勘

1-4-1　第一階段—「人工作業」方式

定義 ▶▶　是指最早期的資料處理方式，主要是透過人工記錄在紙張方式。

範例 ▶▶　戶政、病歷、圖書館藏書資料等等。

1-4-2 第二階段─以電腦化「循序檔」系統方式

定義▶▶ 是指利用卡片、磁帶等循序媒體來記錄資料，透過電腦來讀出及寫入的處理方式。

範例▶▶ 錄音帶及唱帶。

1-4-3 第三階段─以電腦化「直接檔」系統方式

定義▶▶ 在此階段中，磁碟漸漸地取代了磁帶，使得電腦得以直接存取檔案，成為直接存取式檔案系統（Direct Access File System），但仍是以「檔案」為處理對象，與現今應用上常常存取的對象是以「紀錄」或「欄位」來說，仍有一些處理上的差異性。

範例▶▶ 硬碟、磁碟片及光碟片。

1-4-4 第四階段─以「紀錄」為處理單元的「資料庫管理系統」方式

以「紀錄」為主的資料模式有下列三種：

1. 階層式資料模式（Hierarchical Data Model）
2. 網路式資料模式（Network Data Model）
3. 關聯式資料模式（Relational Data Model）

一、階層式資料模式（Hierarchical Data Model）

定義▶▶ 階層式資料模式是一種「**由上而下**」（Top-down）的結構，而資料相互之間是一種樹狀的關係，所以又稱為**樹狀結構**（Tree）。如圖1-12所示：

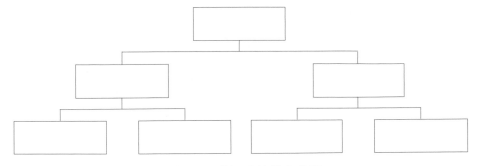

❈圖1-12 階層式結構示意圖

資料存取方式▶▶ 是由樹根（Root）開始往下存取資料。

適用時機▶▶ 大量資料紀錄和固定查詢的應用系統。

優點 ⏭ 1. 存取快速、有效率。

2. 適於處理大量資料紀錄的應用系統。

缺點 ⏭ 1. 資料重複儲存，浪費空間。

2. 無法表示多對多之關係（**只能描述一對一及一對多的關係**）。

3. 無法適用於需要因應突然資料需求的決策支援系統（Decision Support System；DSS），因為資料的關係必須事先設定好。

範例 ⏭ 假設欲查詢「校務行政系統」的資料庫，校務檔是根（Root）；而要查詢學生「智育成績」的資料時就必須由此點開始，沿著鏈結向下找。如圖1-13所示。

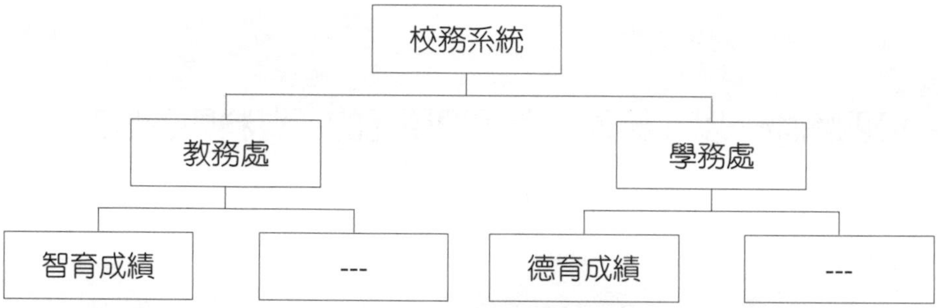

圖1-13 校務系統階層圖

二、網路式資料模式（Network Data Model）

定義 ⏭ 網路式資料庫的組成結構和階層式資料庫類似，其差異點是**提供多對多（M：N）的關係**，就**像一張網子**一樣，每一個子節點可以有多個父節點相連接，可以消除階層式模式的資料重複問題。如圖1-14所示。

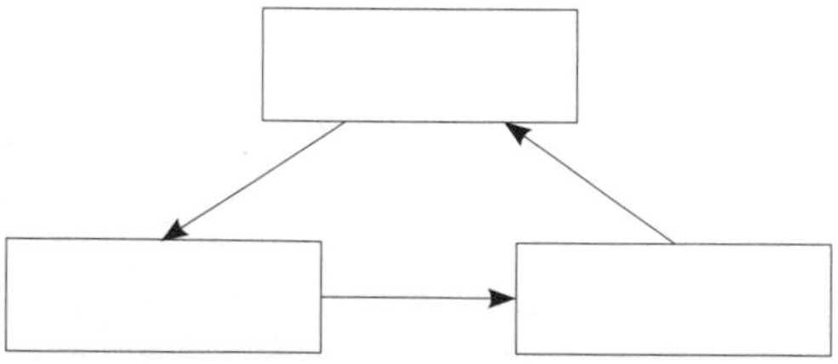

圖1-14 網路式結構示意圖

優點 ⏭ 1. 符合現實世界中的**多對多關係**。

2. 存取有效率。

3. 提供實體資料獨立。

缺點 較為複雜。

範例 例如查詢校務人事系統的資料庫，其中學校成員有分為三種身分，但是，有些成員又屬於兩種身分，因此，形成多對多的網狀關係。如圖1-15所示。

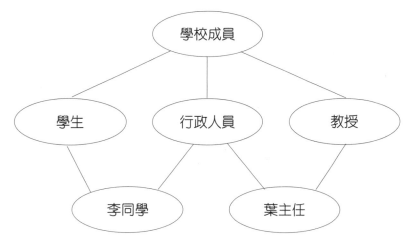

圖1-15 校務人事網狀圖

三、關聯式資料模式（Relational Data Model）

定義 二個表格之間，若有**相同的資料欄位值**，則這二個表格**便可以相連**，即透過「外鍵」參考「主鍵」來相連接。

範例 「學生資料表」的外鍵（系碼）與「科系代碼表」的主鍵（系碼）之間都具有相同的欄位值，因此，就可以建立關聯圖。

外鍵參考主鍵

學生資料表

	學號	姓名	系碼
#1	S0001	一心	D001
#2	S0002	二聖	D001
#3	S0003	三多	D002
#4	S0004	四維	D002
#5	S0005	五福	D002

外鍵(FK)

科系代碼表

	系碼	系名	系主任
#1	D001	資工系	李春雄
#2	D002	資管系	李碩安

主鍵(PK)

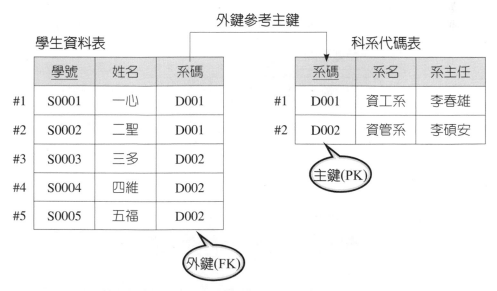

圖1-16 關聯式資料模式中，兩資料表以「外鍵」參考「主鍵」相連接

【關聯式資料庫的資料結構】

使用二維表格來組織資料。每一個關聯表主要包含關聯表綱要（Relation Schema）即**表頭（Head）**，與關聯表實例（Relation Instance）即**主體（Body）**兩部分。如表1-2所示。

1. **表頭（Head）**：由一組屬性（Attributes）或稱為欄位與定義域（Domain）組成的綱目，即{(A1:D1),(A2:D2),…,(An:Dn)}。

2. **主體（Body）**：指表格（關聯）的資料部分，其內容、數字是隨時間變動而變動，即{(A1:Vi1),(A2:Vi2),…,(An:Vin)}。

❖表1-2　關聯表綱要與實例

學號	姓名	系名	
S0001	張三	資工系	── 表頭
S0002	李四	資工系	── 主體
S0003	王五	資管系	

【表格（關聯）的特性】

一個關聯（Relation）是一個二維表格，一般而言，關聯的特性如下：

1. 每一列（Row）代表一個實體（Entity）的資料。

2. 每一欄（Column）記錄一項實體的屬性（Attribute）。

3. 同一欄的項目，其類型相同。

4. 每一欄都有一個唯一的名字，如圖1-17所示。

❖圖1-17　關聯表中的每一欄都有唯一的名字

5. **無重複的Tuple**（值組；Row：列）：指沒有任何兩列的紀錄是完全相同的。因為關聯被定義為值組的集合，依據定義，集合內的所有元素是不同的；因此，在關聯中的所有值組也必須是不同的。

學號	姓名	系名
S0001	張三	資工系
S0002	李四	資工系
S0003	王五	資管系

學號	姓名	系名
S0001	張三	資工系
S0002	李四	資工系
S0001	張三	資工系

重複

正確　　　　　　　不正確

(原因：重複的Tuple)

⁑圖1-18 關聯表中無重複的Tuple

6. **Tuple（值組）的次序不重要**：指每一列的紀錄（值組）順序不重要。因為關聯被定義為值組的集合，就數學而言，集合內的元素是沒有順序的；因此，關聯的值組不會有任何的順序關係。

學號	姓名	系名
S0001	張三	資工系
S0003	王五	資管系
S0002	李四	資工系

對調

⁑圖1-19 關聯表中的值組次序不重要

7. **Attribute（屬性；Column：行）的次序不重要**：是指每一欄的位置之順序不重要。

學號	姓名	系名
S0001	張三	資工系
S0003	王五	資管系
S0002	李四	資工系

對調

⁑圖1-20 關聯表中的屬性次序不重要

8. **屬性中的內含值均為Atomic（基元值）**：是指表格中的每一格的內容皆為單一值。
   例如：下列為一組尚未正規化的選課表，如圖1-21所示。

選課表

	學號	課程代碼	
#1	S0001	C001 C002 C003	非基元值
#2	S0002	C001 C004	非基元值

非基元值(代表有重複的資料項目)
所以必須要正規化

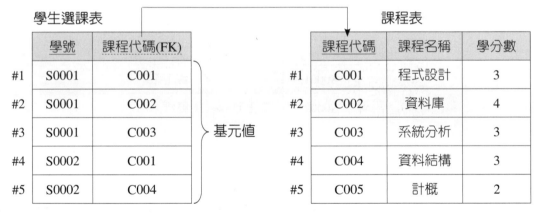

學生選課表   課程表

	學號	課程代碼(FK)				課程代碼	課程名稱	學分數
#1	S0001	C001		基元值	#1	C001	程式設計	3
#2	S0001	C002			#2	C002	資料庫	4
#3	S0001	C003			#3	C003	系統分析	3
#4	S0002	C001			#4	C004	資料結構	3
#5	S0002	C004			#5	C005	計概	2

❈圖1-21 屬性中的內含值均為基元值

註：Atomic（基元值）：即不可再分割的值。

1-5 資料庫的設計

　　一個功能完整及有效率的資訊系統，它的幕後最大功臣，就是資料庫系統的協助。因此，在設計資料庫時必須經過一連串有系統的規畫及設計。但是，如果設計不良，或設計過程沒有與使用者充份地溝通，最後設計出來的資料庫系統，必定是一個失敗的專案。此時，將無法提供決策者正確的資訊，進而導致無法提昇企業競爭力。

1-5-1 資料庫設計程序

　　在開發資料庫系統時，首要的工作是先做資料庫的分析，在做資料庫分析工作時，需要先與使用者進行需求訪談的作業，藉著訪談的過程來了解使用者對資料庫的需求，以便讓系統設計者來設計企業所需要的資料庫。其資料庫設計程序如圖1-22所示。

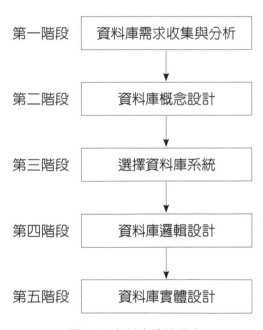

※圖1-22 資料庫設計程序

一、資料庫需求收集與分析

目的▶▶ 是指用來收集及分析使用者的各種需求。

方法▶▶ 1. 找出應用程式的使用者：是一般使用者還是管理者。

2. 使用者對現有作業之文件進行分析：如人工作業時填寫的「輸入表格」及「輸出報表」。

3. 分析工作環境與作業需求：是否有網路連線的環境，或是否要利用自動輸入的條碼或RFID掃描。

4. 進行問卷調查與訪談：事先上網查詢相關專案的問題，或實地訪談來收集需求。

分析工作▶▶

常見有DFD（Data flow diagram）、HIPO（Hierarchical Input Process Output）等工具。

二、資料庫概念設計

目的▶▶ 描述資料庫的資料結構與內容。

方法▶▶ 概念綱目（Conceptual Schema）設計。

主要在檢查從第一個階段所收集的資料，利用實體關係圖（Entity-Relationship；ER）模式產生一個與DBMS無關的資料庫綱要。

產出▶▶ 概念綱目（Conceptual Schema）即實體關係圖（ERD）。

三、選擇資料庫系統

在此階段中，必須要先評估經濟上及技術上的可行性分析。

1. **經濟上可行性分析**：是指針對企業規模方面來分析，如果是大企業在開發資訊系統的經費較高時，我們就可以提供功能完整的資料庫系統。例如：Oracle或SQL Server。但是，對於小企業可能會要求Free的資料庫管理系統。例如：MySQL。

2. **技術上可行性分析**：當大企業要使用Oracle資料庫管理系統時，則必須評估是否有DBA人才來設計與維護。

目的▶▶ 選擇最符合企業組織所需要的資料庫管理系統。

方法▶▶ 利用可行性分析，包括經濟上及技術上之可行性。

產出▶▶ 可行性報告書。

四、資料庫邏輯設計

在收集及分析使用者的各種需求並利用分析結果繪製成實體關係圖（ERD；亦即概念資料模型）之後，接下來就是要選擇用什麼「資料庫模型」來表達這些「概念資料模型」，也就是說，如何去設計資料庫。

在這個階段中，我們必須要先決定用哪一種資料庫模型來表達我們先前所建立的ERD圖，資料庫模型的種類包括：階層式、網路式、關聯式及物件導向式等。

本章將以目前較普遍的「關聯式資料模型」來作為資料庫設計邏輯階段的資料表現。

目的 ▶▶ 將「實體關聯圖（ERD）」轉換成「關聯式資料模型」

方法 ▶▶ 1. 資料庫正規化（第4章會有詳細介紹）。

　　　　 2. ER圖轉換成對應表格的法則（第3-6節會有詳細介紹）。

產出 ▶▶ 關聯表（DDL）。

說明 ▶▶ 在邏輯設計階段中，需考量資料表之間的關聯性（1:1、1:M、M:N）、正規化（第一階到第三階，最多到BCNF），以及相關主鍵、外鍵及屬性等。

五、資料庫實體設計

目的 ▶▶ 描述儲存資料庫的實體規格，以及資料如何有效存取。

方法 ▶▶ SQL與程式語言結合。

產出 ▶▶ 實體綱目（Physical Schema）亦即真正的紀錄。

說明 ▶▶ 資料庫邏輯設計雖然定義了資料結構（DDL），實際上並沒有儲存任何資料，實體設計則必須要考量採用何種儲存檔案結構、存取方法及儲存的輔助記憶體設備。

（ B ）1. 您需要在學校資料庫中儲存每位學生的聯絡資訊。您應該將每位學生的資
訊存放在：

(A)函式 　　　　　　　　　　(B)資料列

(C)預存程序 　　　　　　　　(D)變數

解析 由於一個「資料庫（DataBase）」是由許多個「資料表」所組成的。而每一個
「資料表（Table）」又是由許多個「資料記錄」所組成的。因此，每位學生
的聯絡資訊就是資料記錄，也稱為資料列。

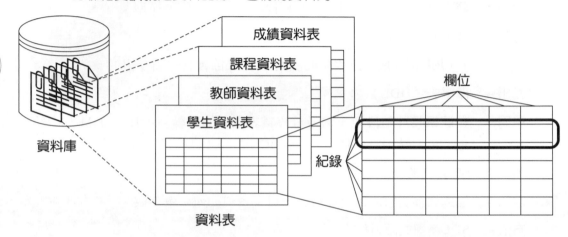

(A) 2. 資料表中儲存單一項目資訊的元件稱為：
    (A)資料行   (B)資料型別
    (C)資料列   (D)檢視

解析 由於一個「資料表（Table）」是由許多個「資料記錄」所組成的。而每一筆「資料記錄」又是由許多個「欄位」所組成的。因此，在資料表中儲存單一項目資訊的元件，就稱為「欄位」，也可稱為資料行。

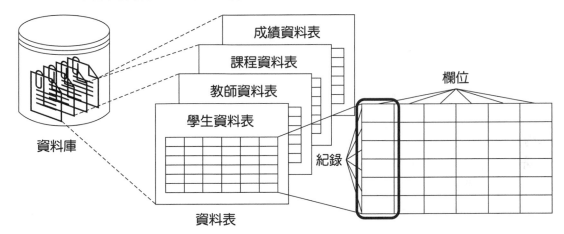

(D) 3. 您需要儲存100位學生的姓名、學號和住址。此資訊將在資料表中儲存為：
　　　(A)三個項目和100個儲存格　　　(B)三個資料列和100個資料行
　　　(C)100個項目和三個儲存格　　　(D)100個資料列和三個資料行

解析 1. 在資料表中的「資料列」代表：記錄的筆數，例如100位學生的記錄。

　　　2. 在資料表中的「資料行」代表：每一筆記錄的欄位數，例如每一位學生記錄的欄位個數。

	姓名	學號	住址
#1	張三	001	高雄市
#2	李四	002	台南市
#3	王五	003	台中市
…			
…			
…			
#100	李白	100	台北市

(D) 4. 資料庫中的資料儲存在：
　　　(A)資料型態　　　　　　　　(B)查詢
　　　(C)預存程序　　　　　　　　(D)資料表

解析 資料表是真正儲存資料的地方。

學生資料表

	學號	姓名	系碼
1	S0001	一心	D001
2	S0002	二聖	D001
3	S0003	三多	D002
4	S0004	四維	D002
5	S0005	五福	D002

CHAPTER 2

MTA Certification

關聯式資料庫

2-1 關聯式資料庫（Relational Database）

假設學校行政系統中有一個尚未分割的「學籍資料表」，如表2-1所示。

表2-1　尚未分割的學籍資料表

	學號	姓名	系碼	系名	系主任	
#1	S0001	一心	D001	資工系	李春雄	二筆重複
#2	S0002	二聖	D001	資工系	李春雄	大量資料
#3	S0003	三多	D002	資管系	李碩安	重複現象
#4	S0004	四維	D002	資管系	李碩安	
#5	S0005	五福	D002	資管系	李安	三筆重複

由表2-1中，可以清楚看出**多筆資料重複現象**，如果有某一筆資料輸入錯誤，**將會導致資料不一致現象**。例如：在表2-1中的第5筆紀錄的系主任，應該是「李碩安」，卻輸入成「李安」。

因此，我們就必須要將原始的「學籍資料表」分割成數個不重複的資料表，再利用「關聯式資料庫」的方法來進行資料表的關聯。

何謂「關聯式資料庫」呢？它是由兩個或兩個以上的資料表組合而成。其目的：

1. **節省重複輸入的時間與儲存空間。**

2. **確保異動資料（新增、修改、刪除）時的一致性及完整性。**

因此，我們必須將各種資料依照性質的不同（如：學籍資料、選課資料、課程資料、學習歷程資料等），分別存放在幾個不同的表格中，表格與表格之間的關係，則以共同的欄位值（如：「學號」欄位）相互連結，以這種方式來存放資料的資料庫，在電腦術語中，稱為「**關聯式資料庫（Relational Database）**」。

定義 ▶▶　1. **是由一群相互關係的正規化關聯表所組成。**

　　　　　2. **關聯表之間是透過相同的欄位值（即外鍵參考主鍵）來連繫。**

　　　　　3. **關聯表中的所有屬性內含值都是基元值（Atomic Value）。**

因此，我們可以將表2-1中的「學籍資料表」分割為「學生資料表」與「科系代碼表」，如何產生關聯式資料庫呢？它是透過兩個資料表的相同欄位值（即系碼）來進行連結，如圖2-1所示。

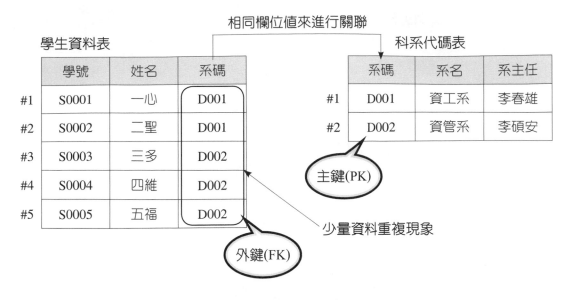

❖圖2-1 關聯式資料庫

註：「主鍵」與「外鍵」專有名詞會在第2-2節中詳細介紹。

優點 ▸▸▸
1. **節省記憶體空間**：相同的資料紀錄不需要再重複輸入。

2. **提高行政效率**：因為資料不需再重複輸入，故可以節省行政人員的輸入時間。

3. **達成資料的一致性**：因為資料不需再重複輸入，故可以減少多次輸入產生人為的錯誤。

關聯名詞 ▸▸▸

關聯式資料模型的相關術語通常是用來說明資料庫系統的相關理論，而SQL Server或Access等資料庫管理系統所使用的資料庫相關名詞，是利用另成一套術語，不過這些名詞或術語都代表相同意義，如表2-2所示。

❖表2-2 **關聯名詞比較表**

關聯式資料模型	SQL Server或Access
關聯（Relation）	表格（Table）
值組（Tuple）	橫列（Row）或紀錄（Record）
屬性（Attribute）	直欄（Column）或欄位（Field）
基數（Cardinality）	紀錄個數（Number of Record）
主鍵（Primary Key）	唯一識別（Unique Identifier）
定義域（Domain）	合法值群（Pool Legal Values）

我們以圖2-2說明表2-2中各關聯名詞之關係。

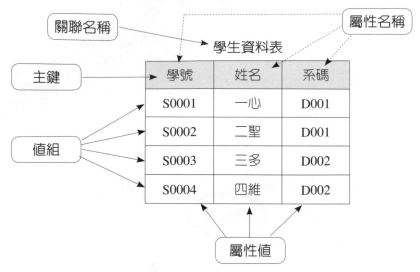

❖圖2-2 關聯名詞示意圖

重要專有名詞▶▶

1. **資料表（Table）**：又稱為表格，它是**真正儲存資料的地方**。它可視為特定主題的資料集合，並且是由「資料行」與「資料列」的二維表格組合而成。 例如：圖2-3中的「學生資料表」。

2. **資料行（Column）**：是指資料表中的某些「欄位」，它是以**「垂直」**方式來呈現。例如：圖2-3中的「學號」、「姓名」等。

3. **資料列（Row）**：是指資料表中的某些「紀錄」，它是以**「水平」**方式來呈現。例如：圖2-3中的第一筆紀錄，#1 S0001，一心，D001。

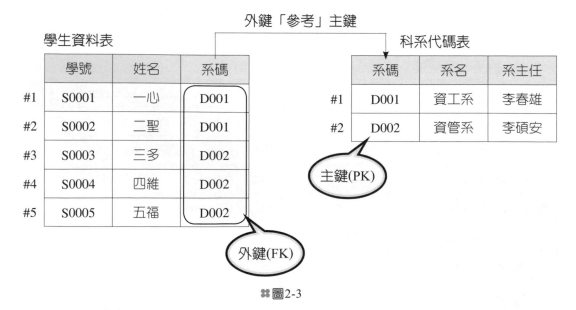

❖圖2-3

4. **主鍵（Primary Key；PK）**：是指用來**識別紀錄的唯一性**，它不可以重複，也不可以為空值（Null）。 例如：圖2-3中，學生資料表中的「學號」及科系代碼表中的「系碼」。

5. **外鍵（Foreign Key；FK）**：是指用來**建立資料表之間的關係**，其外鍵內含值必須要與另一個資料表的主鍵相同。 例如：圖2-3中的學生資料表中的「系碼」。

6. **關聯性（Relationship）**：在資料表之間，透過**外鍵來參考另一個資料表的主鍵**，如果具有相同欄位值就可以進行關聯。例如：圖2-3中的學生資料表中的「系碼」與科系代碼表中的「系碼」都具有相同欄位值，因此，就可以進行關聯。

2-2 鍵值屬性

在關聯式資料庫中，每一個關聯表會有許多不同的鍵值屬性（Key Attribute），因此，我們可以分成兩個部分來探討：

1. **屬性（Attribute）**：是指一般屬性或欄位。如圖2-4所示。

2. **鍵值屬性（Key Attribute）**：是指由一個或一個以上的屬性所組成，並且在一個關聯中，必須要由具有「唯一性」的屬性來當作「鍵（Key）」。

例如：在關聯式資料庫中，常見的鍵（Key）可分為：超鍵、候選鍵、主鍵、交替鍵，及其各鍵的關係，如圖2-4所示。

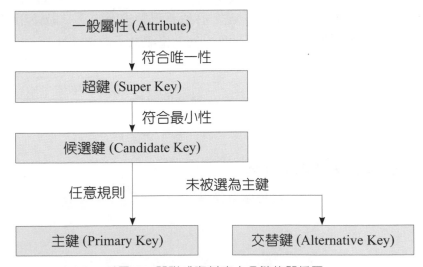

❖圖2-4 關聯式資料庫中各鍵的關係圖

2-2-1　屬性（Attribute）

定義▶▶　用來描述實體的性質（Property）。

範例▶▶　學號、姓名、性別等，都是用來描述學生實體的性質，並且每一個屬性一定要有一個定義域（Domain，亦即資料類型、範圍大小等）。其中，「性別」屬性的內含值，必須是「男生」或「女生」，而不能超出定義域（Domain）的合法值群。

分類▶▶　1. 簡單屬性（Simple Attribute）

　　　　2. 複合屬性（Composite Attribute）

　　　　3. 衍生屬性（Derived Attribute）

　　以上三類屬性的詳細說明，如下所示：

一、簡單屬性（Simple Attribute）

定義▶▶　已經無法再繼續切割成其他有意義的單位，亦即該屬性為基元值（Atomic Value）。

範例▶▶　「學號」屬性便是「簡單屬性」。

二、複合屬性（Composite Attribute）

定義▶▶　由兩個或兩個以上的其他屬性的值所組成。

範例▶▶　「地址」屬性是由區域號碼、縣市、鄉鎮、路、巷、弄、號等各個屬性所組成。

適用時機▶▶　戶政事務查詢、房屋仲介網站……

注意：　哪些屬性是屬於「複合屬性」呢？必須要視需求而定。一般使用者在設定客戶資料表或學生資料表時，「地址」屬性是視為「簡單屬性」。

優點▶▶　大量查詢時較快速。

　　　　where 地址 Like　'*苓雅區*'　　　　➔速度較慢

　　　　where 區域='苓雅區'　　　　　　　➔速度較快

三、衍生屬性（Derived Attribute）

　　指可以經由某種方式的計算或推論而獲得。

範例 ① 「年齡」屬性便屬於「衍生屬性」

以實際的「年齡」為例，可以由「目前的系統時間」減去「生日」屬性的值，便可換算出「年齡」屬性的值。

公式：**年齡＝目前的系統時間－生日**

作法 ▶▶ 利用SQL指令

> **SELECT DATEDIFF("YYYY",#1971/10/9#,NOW());**

範例 ② 「性別」屬性也可以當作「衍生屬性」

假設使用者輸入介面中有「身分證字號」欄位時，則我們可以判斷使用者的性別是「男生」或「女生」。

作法 ▶▶ 輸入ID，判斷第二位數字，如果是「1」代表「男生」；如果是「2」代表「女生」。

2-2-2 超鍵（Super Key）

基本上在每一個資料表中，選出一個具有唯一性的欄位來當作「主鍵」，但是，在一個資料表中，如果找不到具有唯一性的欄位時，我們也可以選出**兩個或兩個以上的欄位組合起來**，以作為**唯一識別資料的欄位**。

定義 ▶▶ 是指在一個資料表中，選出兩個或兩個以上的欄位組合起來，以作為唯一識別資料的欄位，因此，我們可以稱這種組合出來的欄位為「超鍵」。在一個關聯表中，至少有一個「超鍵」，就是**所有屬性的集合**。

範例 ▶▶ 以圖2-5中的「學生資料表」為例，在全班的學生姓名中，若有人同名同姓時（重複），則我們可以搭配學生的學號，讓「學生的學號」與「學生的姓名」兩欄位結合起來（亦即「學號＋姓名」）來產生新的鍵。所以，｛姓名，學號｝是一個超鍵，因為不可能有兩個學生的姓名與學號皆相同。

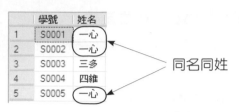

同名同姓

設定｛姓名，學號｝為超鍵

☷圖2-5 在學生資料表中設定超鍵

同理▶▶ ｛姓名，學號，身分證字號，年齡｝也都是超鍵，因為它可以造成唯一性的限制。

分析▶▶ 1. ｛年齡｝或｛姓名｝都不是「超鍵」。

2. **最大的「超鍵」是所有屬性的集合。**

☷圖2-6 最大的超鍵是所有屬性的集合

最小的「超鍵」則是關聯的主鍵。

☷圖2-7 最小的超鍵即為主鍵

2-2-3 主鍵（Primary Key）

在關聯式資料模型中，將每一個資料表視為一個「實體」，而每一個實體利用「屬性」描述之，而這些屬性就稱為「**鍵值**」。其中，用來識別資料表中紀錄的唯一值的鍵值，稱為「**主鍵**」。

定義 ▶▶ 1. 從候選鍵中選擇一個用來唯一識別值組（紀錄）的鍵，稱為主鍵。

2. 在關聯綱要裡，我們會在主鍵的屬性名稱加一個底線。

3. 在一個關聯表中，只有一個主鍵，若候選鍵未被選為主鍵時，則稱為「交替鍵（Alternative Key）」。

4. 主鍵之鍵值不可為空值（Null Value）。

5. 在建立資料表時一般都是以「P.K.」來代表主鍵。

範例 ▶▶ 學生資料表（學號、姓名、生日、身分證字號、科系）。

1. 候選鍵：（學號）或（身分證字號）。

2. 主鍵：學號。

3. 交替鍵：身分證字號。

如何挑選主鍵

基本上，我們要從多個鍵值中挑選「主鍵」時，會依循以下三個原則：

1. 固定不會再變更的值

在挑選「主鍵」時，必須要找永遠不會被變更的欄位，否則會增加爾後的管理和維護資料的困難度與複雜性。

例如：「學號」與「身分證字號」在決定之後，幾乎不會再改變。

2. 單一的屬性

在一個資料表中，最好只選取「單一屬性」的候選鍵作為主鍵，因為可以節省記憶體空間及提高執行效率。

例如：{姓名+學號}與{學號}，雖然二者都具有唯一性，但是後者{學號}是單一屬性，在處理上比較節省記憶體空間，並且可以提高執行效率。

3. 不可以為空值或重複

依照「關聯式資料完整性規則」，主鍵的鍵值不可以重複，也不可以為空值（NULL）。

例如：{姓名}欄位就不適合當作主鍵欄位，因為可能會重複。

2-2-4 複合鍵（Composite Key）

定義⏭ 是指資料表中的主鍵，它是由兩個或兩個欄位以上所組成，這種主鍵稱為複合鍵（Composite Key）。

使用時機⏭ 當表格中某一欄位的值無法區分資料紀錄時，可以使用這種方法。

範例⏭ 在圖2-8a中，「縣市」的欄位值有重複，無法區分出每一筆紀錄，所以「縣市」欄位不能當作主鍵欄位。因此，必須要把「縣市」與「區域」兩個欄位組合在一起，當作主鍵欄位。如圖2-8b所示。

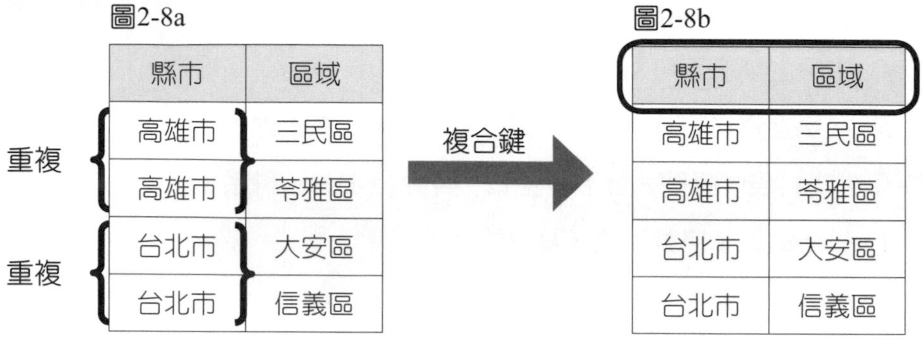

圖2-8 複合鍵示意圖

2-2-5 候選鍵（Candidate Key）

定義⏭ 候選鍵就是主鍵的候選人，並且也是關聯表的屬性子集所組成。

條件⏭ 一個屬性（欄位）要成為候選鍵，則必須同時要符合下列兩項條件：

1. **具有唯一性**

   是指在一個關聯表中，用來唯一識別資料紀錄的欄位。

   例如：超鍵（Super Key）。但可以是由多個欄位組合{縣市+區域}而成。

2. **具有最小性**

   是指除了符合「唯一性」的條件之外，還必須要在該「屬性子集」中移除任一個屬性之後，不再符合唯一性，亦即鍵值欄位個數為最小。

   例如：{縣市+區域}組合成符合「唯一性」的條件，並且在移除任一個屬性{區域}之後，{縣市}不再符合唯一性。因此，{縣市+區域}就是候選鍵。

特性⏭ 1. 候選鍵可以唯一識別值組（紀錄），大部分關聯表都只有一個候選鍵。

2. 若候選鍵只包含一個屬性時，稱為**簡單（Simple）候選鍵**。

例如：{學號}

若包含兩個或兩個以上屬性時，稱為**複合（Composite）候選鍵**。

例如：{縣市+區域}

2-2-6 外來鍵（Foreign Key）

在關聯式資料庫中，任兩個資料表要進行關聯（對應）時，必須要透過「外來鍵」參考「主鍵」才能建立，其中**「主鍵」值的所在資料表稱為「父關聯表」，而「外來鍵」值的所在資料表稱為「子關聯表」。**

定義▶▶　外來鍵是指「父關聯表嵌入的鍵」，並且外來鍵在父關聯表中扮演「主鍵」的角色。因此，外來鍵一定會存放另一個資料表的主鍵，主要目的是用來確定資料的參考完整性。所以，當「父關聯表」的「主鍵」值不存在時，則「子關聯表」的「外來鍵」值也不可能存在。

外來鍵的特性▶▶

1. 「子關聯表」的**外鍵**必須對應「父關聯表」的**主鍵**。

2. 外鍵是用來建立「子關聯表」與「父關聯表」的連結關係。

例如：張三同學可以找到對應的系主任。

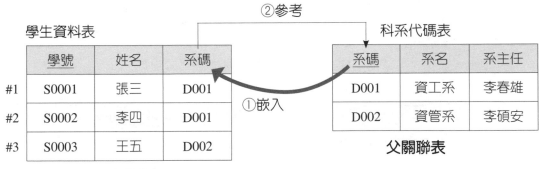

◆圖2-9 外來鍵示意圖

說明：在SQL語言中，通常是「主鍵值＝外鍵值」當作條件式

例如：在SELECT之WHERE子句中撰寫如下：

學生資料表.系碼＝科系代碼表.系碼

說明：以上SQL指令是用來連結「學生資料表」和「科系代碼表」兩個資料表。

3. 外來鍵和「父關聯表」的主鍵欄位必須要具有相同定義域，亦即相同的資料型態和欄位長度，但名稱則可以不相同。

範例 1 相同的資料型態和欄位長度

假設現在有一個關聯圖如圖2-10：

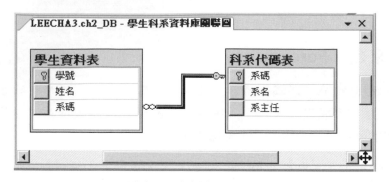

❖圖2-10 資料庫關聯圖(1)

其中，「科系代碼表」的「系碼」欄位的資料類型為「文字」，現在欲改為「備忘」的資料類型，則會出現如圖2-11的錯誤訊息：

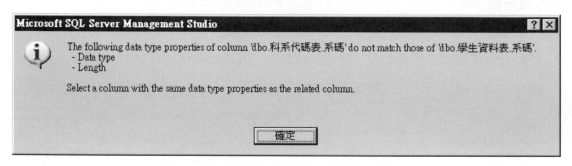

❖圖2-11 主鍵與外來鍵的資料類型必須相同

範例 2 外來鍵和「父關聯表」的主鍵欄位名稱可以不相同

假設現在有一個關聯圖如圖2-12：

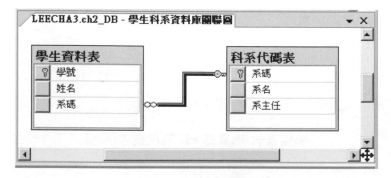

❖圖2-12 資料庫關聯圖(2)

其中，「科系代碼表」的「系碼」欄位名稱，現在欲改為「科系代碼」欄位名稱，則是可以的。如圖2-13所示：

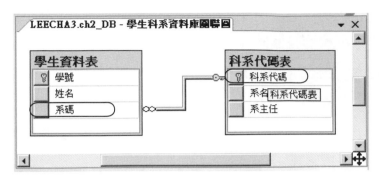

❖圖2-13 主鍵與外來鍵的欄位名稱可以不同

註：因此，我們可以清楚得知，「子關聯表」的外來鍵參考「父關聯表」的主鍵時，是透過「相同的欄位值」，而「非相同的欄位名稱」。

4. 外來鍵的欄位值可以是重複值或空值（NULL）。

(1) 「重複值」的例子

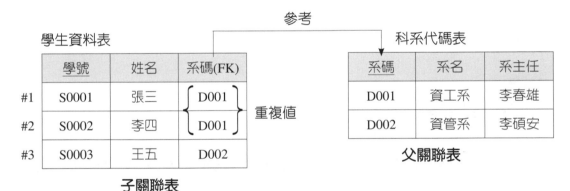

❖圖2-14 外來鍵為重複值

說明：在圖2-14中，代表張三與李四都是就讀「資工系」。

(2) 空值（NULL）的例子

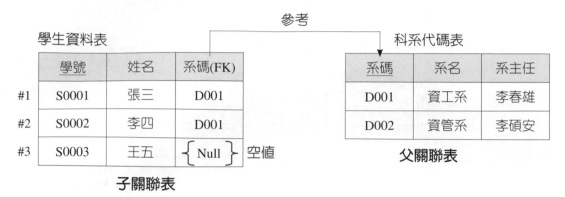

☆圖2-15 外來鍵為空值

說明：在圖2-15中，代表王五尚未決定要就讀哪一個科系。

歸納主鍵與外鍵的關係

1. 父關聯表中的「主鍵」值，一定不能為空值（Null），也不能有重複現象。

2. 子關聯表中的「外鍵」值，可以為空值（Null），也可以有重複現象。

2-3
關聯式資料庫的種類 ●●●●●

假設現在有甲與乙兩個資料表，其「關聯式資料庫」中資料表的關聯種類可以分為下列三種：

1. **一對一的關聯（1：1）**

甲資料表中的一筆紀錄，只能對應到乙資料表中的一筆紀錄；並且乙資料表中的一筆紀錄，只能對應到甲資料表中的一筆紀錄。

2. **一對多的關聯（1：M）**

甲資料表中的一筆紀錄，可以對應到乙資料表中的多筆紀錄；但是乙資料表中的一筆紀錄，卻只能對應到甲資料表中的一筆紀錄。

3. **多對多的關聯（M：N）**

甲資料表中的一筆紀錄，能夠對應到乙資料表中的多筆紀錄；並且乙資料表中的一筆紀錄，也能夠對應到甲資料表中的多筆紀錄。

2-3-1 一對一關聯（1：1）

定義 假設現在有甲與乙兩個資料表，在一對一關聯中，甲資料表中的一筆紀錄，只能對應到乙資料表中的一筆紀錄；並且乙資料表中的一筆紀錄，只能對應到甲資料表中的一筆紀錄。

範例 以「成績處理系統」為例，當兩個資料表之間做一對一的關聯時，表示「學生資料表」中的每一筆紀錄，只能對應到「成績資料表」的一筆紀錄；而且「成績資料表」的每一筆紀錄，也只能對應到「學生資料表」的一筆紀錄 ，這就是所謂的一對一關聯。

適用時機

通常是基於安全上的考量（資料保密因素），將某一部分的欄位分割到另一個資料表中。

一對一關聯架構圖

資料庫名稱：ch2-3-1.accdb

在圖2-16中，「學生資料表」與「成績資料表」是一對一的關係。因此，「學生資料表」的主鍵必須對應「成績資料表」的主鍵，才能設定為1:1的關聯圖。

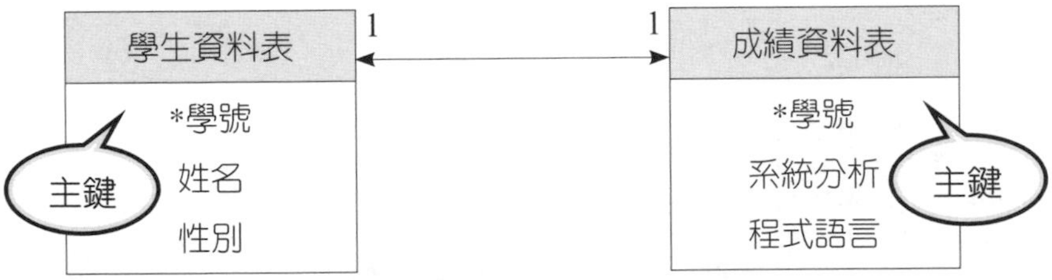

圖2-16 一對一關聯架構圖

在圖2-16「一對一關聯架構圖」中有兩個資料表，實際上，我們也可以將兩個資料表「**合併**」成一個資料表，其合併結果如圖2-17「一對一關聯合併架構圖」所示。

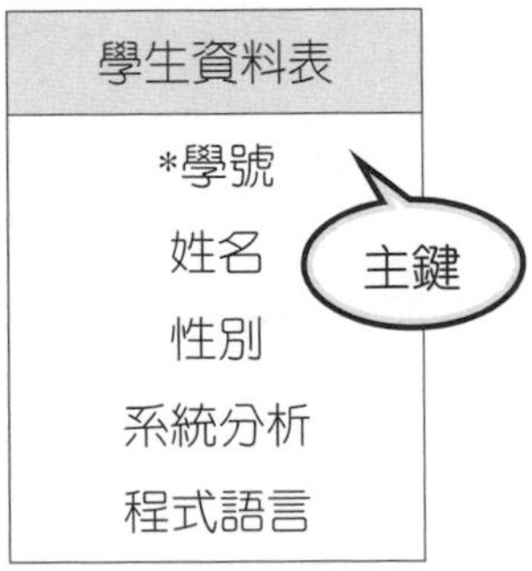

圖2-17 一對一關聯合併架構圖

範例 ▶▶ 欲將「學生資料表」與「成績資料表」這兩個資料表合併成一個資料表時，必須要先完成以下兩個條件，否則就無法進行「合併」：

1. 先檢查「學生資料表」中「學號」欄位值是否與「成績資料表」中「學號」欄位值完全相同。

2. 再建立「1:1關聯合併實例圖」，如圖2-18所示：

❈圖2-18 一對一關聯合併實例圖

注意 在一般的資料庫中，使用「一對一」關聯來設計是非常少人在使用。因為在二個資料表中，都必須要有一個主鍵，且第一個資料表的每一筆紀錄，都必須一對一的關聯到第二個資料表的紀錄。這種設計方法大大地降低資料庫的能力。故筆者不建議使用此種方式。

2-3-2 一對多關聯（1：M）

定義⏭ 假設現在有甲與乙兩個資料表，在一對多關聯中，甲資料表中的一筆紀錄，可以對應到乙資料表中的多筆紀錄；但是乙資料表中的一筆紀錄，卻只能對應到甲資料表中的一筆紀錄。

範例⏭ 以「數位學習系統」為例，當兩個資料表之間做一對多的關聯時，表示「老師資料表」中的一筆紀錄，可以對應到「課程資料表」中的多筆紀錄；但「課程資料表」的一筆紀錄，只能對應到「老師資料表」中的一筆紀錄，這就是所謂的一對多關聯，這種方式是最常被使用的。如圖2-19所示。

一對多的關聯圖

在圖2-19中，「老師資料表」與「課程資料表」是一對多的關係。因此，「老師資料表」的主鍵必須對應「課程資料表」的外來鍵，才能設定為1:M的關聯圖。

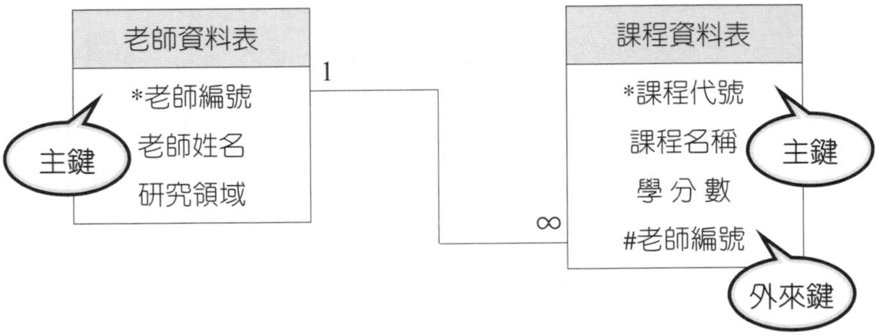

圖2-19 一對多關聯架構圖

註：「*」代表該欄位為主鍵，「#」代表該欄位為外來鍵。

範例▶▶ 我們建立兩個資料表，分別為「老師資料表」與「課程資料表」，此時，我們可以了解「老師資料表」中的一筆紀錄（T0001），可以對應到「課程資料表」中的多筆紀錄（C001、C002、C003）；但是「課程資料表」中的一筆紀錄，卻只能對應到「老師資料表」中的一筆紀錄。如圖2-20所示。

老師資料表

老師編號	老師姓名	研究領域
#1 T0001	張三	數位學習
#2 T0002	李四	資料探勘
#3 T0003	王五	知識管理
#4 T0004	李安	軟體測試

一對多

課程資料表

課程代號	課程名稱	學分數	老師編號
#1 C001	程式設計	4	T0001
#2 C002	資料庫	4	T0001
#3 C003	資料結構	3	T0001
#4 C004	系統分析	4	T0002
#5 C005	計算機概論	3	T0002
#6 C006	數位學習	3	T0003
#7 C007	知識管理	3	T0004

❈圖2-20 一對多關聯實例圖

2-3-3 多對多關聯（M：N）

定義▶▶ 假設現在有甲與乙兩個資料表，在多對多關聯中，甲資料表中的一筆紀錄，能夠對應到乙資料表中的多筆紀錄；並且乙資料表中的一筆紀錄，也能夠對應到甲資料表中的多筆紀錄。

範例▶▶ 以「選課系統」為例，當兩個資料表之間做多對多的關聯時，表示「學生資料表」中的每一筆紀錄，可以對應到「課程資料表」中的多筆紀錄；並且「課程資料表」中的每一筆紀錄，也能夠對應到「學生資料表」中的多筆紀錄，這就是所謂的多對多關聯。

多對多的關聯圖

雖然，一對多關聯是最常見的一種關聯性；但是在實務上，「多對多關聯」的情況也不少。也就是說，由兩個資料表（實體）呈現多對多的關聯。

例如：「學生資料表」與「課程資料表」。如圖2-21所示。

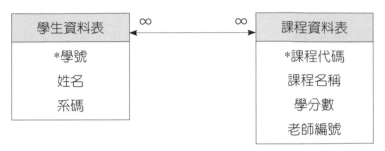

❖ 圖2-21 多對多關聯理論架構圖

在圖2-21中表示：每一位學生可以選修多門課程，並且每一門課程也可以被多位學生來選修。

兩個資料表多對多關聯之問題

在實務上，多對多關聯如果只有兩個資料表來建置，難度較高，並且容易出問題。

解決方法 ▶▶

利用「三個資料表」來建置「多對多關聯」，也就是說，在原來的兩個資料表之間再加入一個**聯合資料表（Junction Table）**，使它們可以順利處理多對多的關聯。其中，**聯合資料表（Junction Table）中的主索引鍵（複合主鍵）是由資料表A（學生資料表）和資料表B（課程資料表）兩者的主鍵所組成。**

例如：在「學生資料表」與「課程資料表」之間再加入第三個資料表──「選課資料表」，如圖2-22所示。

聯合資料表

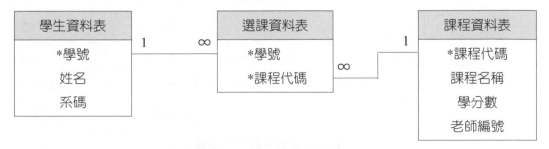

❖圖2-22 多對多關聯架構圖

說明▶▶ 1. 「學生資料表」與「選課資料表」的關係是一對多。

2. 「課程資料表」與「選課資料表」的關係是一對多。

3. 藉由「選課資料表」的使用，使「學生資料表」與「課程資料表」關係變成多對多的關聯式，亦即每一位學生可以選修一門以上的課程。並且，每一門課程也可以被多位同學選修。

4. 以資料表（Table）之方式組成關聯，將這些關聯組合起來，即形成一個關聯式資料庫。

範例▶▶ 我們建立三個資料表，分別為「學生資料表」、「選課資料表」及「課程資料表」。此時，我們可以了解「學生資料表」中的一筆紀錄（S0001）可以對應到「選課資料表」中的多筆記錄（#1、#4、#5；亦即選了C001、C002、C003三門課程），並且，「課程資料表」中的一筆紀錄（C002），也能夠對應到「選課資料表」中的多筆紀錄（#3、#4），亦即每一門課程可以被S0001、S0003兩位同學來選。如圖2-23所示。

學生資料表

	學號	姓名	系碼(FK)
#1	S0001	張三	D001
#2	S0002	李四	D001
#3	S0003	王五	D002
#4	S0004	李安	D003

一對多

一對多

選課資料表

	學號	課號	成績
#1	S0001	C001	67
#2	S0002	C004	89
#3	S0003	C002	90
#4	S0001	C002	85
#5	S0001	C003	100

課程資料表

課號	課名	學分數	老師編號
C001	程式設計	4	T0001
C002	資料庫	4	T0001
C003	資料結構	3	T0001
C004	系統分析	4	T0002
C005	計概	3	T0002
C006	數位學習	3	T0003
C007	知識管理	3	T0004

✴圖2-23 多對多關聯實例圖

2-4 關聯式資料完整性規則

完整性規則（**Integrity Rules**）是用來確保資料的一致性與完整性，以**避免**資料在經過新增、修改及刪除等運算之後，**產生異常的現象**。亦即避免使用者將錯誤或不合法的資料值存入資料庫中。如圖2-24所示：

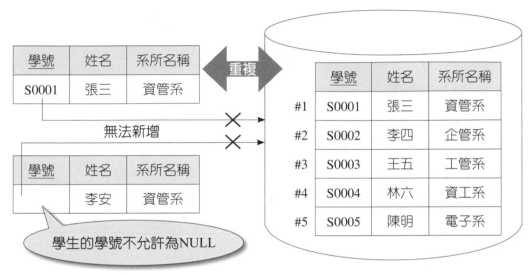

❈圖2-24 DBMS檢查資料的完整性規則

三種完整性規則

關聯式資料模式的「完整性規則」有下列三種：如圖2-25所示。

1. **實體完整性規則**（Entity Integrity Rule）
2. **參考完整性規則**（Referential Integrity Rule）
3. **值域完整性規則**（Domain Integrity Rule）

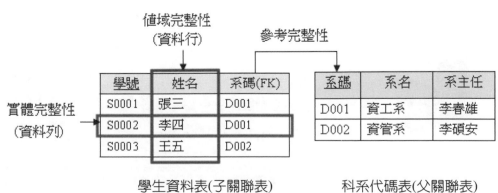

❈圖2-25 資料完整性

註：在關聯式資料庫中，任兩個資料表要進行關聯（參考）時，必須透過「主鍵」對應「外來鍵」才能建立。其中，「主鍵」值的所在資料表稱為「父關聯表」，而「外來鍵」值的所在資料表稱為「子關聯表」。

一、實體完整性規則（Entity Integrity Rule）

指在單一資料表中，主索引鍵必須要具有唯一性，並且也不可以為空值（NULL）。

例如：學生資料表中的學號，不可以重複，也不可以為空值，即符合實體完整性規則。

二、參考完整性規則（Referential Integrity Rule）

指在兩個資料表中，「次要資料表」的外來鍵（FK）的資料欄位值，一定要存在於「主要資料表」的主鍵（PK）中的資料欄位值。

例如：學生資料表（子關聯表）的外來鍵（FK）一定要存在於科系代碼表（父關聯表）的主鍵（PK）中。

三、值域完整性規則（Domain Integrity Rule）

指在單一資料表中，同一資料行中的資料屬性必須要相同。

舉例 ▶▶ 1. 學生資料表中的系碼僅能存放文字型態的資料，並且一定只有四個字元，不可以超過四個字元或使用其他的日期格式等型態。

2. 學生成績資料表中的成績資料行僅能存放數值型態的資料，不可以有文字或日期等格式。

綜合上述，為了確保資料的完整性、一致性及正確性，基本上，使用者在異動（即新增、修改及刪除）資料時，都會先檢查使用者的「異動操作」是否符合資料庫管理師（DBA）所設定的限制條件，如果違反限制條件時，則無法進行異動（亦即異動失敗）；否則，就可以對資料庫中的資料表進行各種異動處理。如圖2-26所示：

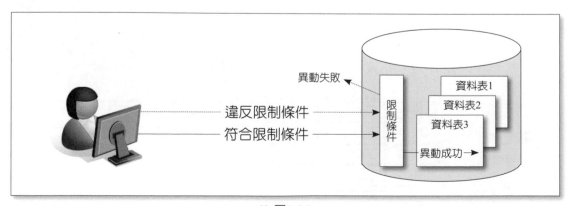

❖ 圖2-26

在圖2-26中，所謂的「限制條件」是指資料庫管理師（DBA）在定義資料庫的資料表結構時，可以設定主鍵（Primary Key）、外鍵（Foreign Key）、唯一鍵（Unique Key）、條件約束檢查（Check）及不能空值（Not Null）等五種不同的限制條件。

範例⏭ 以圖2-27的「學生資料表」與「科系代碼表」為例。

「科系代碼表」內的「系碼」欄位為主鍵；而「學生資料表」內的「系碼」為外來鍵。因此，「強制使用外部索引鍵條件約束」如果使用預設值為「是」時，則DBMS會限制使用者輸入資料是否有違反參考完整性。否則，表示DBMS是允許資料被變更的。

何謂「參考完整性」？是指用來確保相關資料表間的資料一致性，避免因一個資料表的記錄改變時，造成另一個資料表的內容變成無效的值。如圖2-27所示。

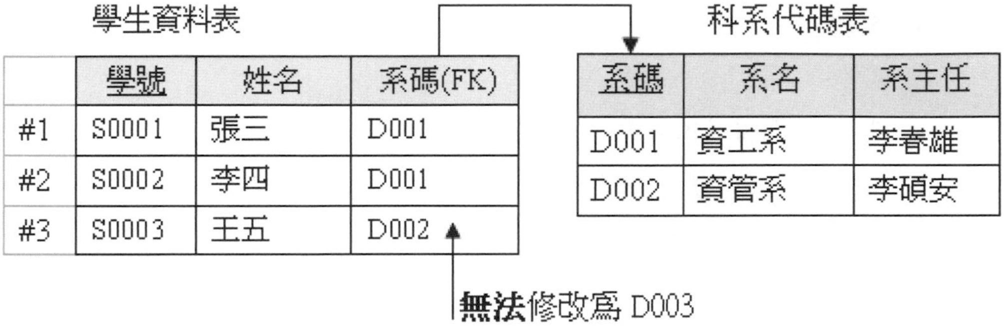
學生資料表
學號 姓名 系碼(FK)
#1 S0001 張三 D001
#2 S0002 李四 D001
#3 S0003 王五 D002
科系代碼表
系碼 系名 系主任
D001 資工系 李春雄
D002 資管系 李碩安
無法修改爲 D003

圖2-27 強迫參考完整性示意圖

2-4-1 實體完整性規則（Entity Integrity Rule）—針對主鍵

定義⏭ 每一個關聯表中的值組都必須是可以識別的。因此，主鍵必須要具有唯一性，並且主鍵不可重複或為空值（NULL）。否則，就無法唯一識別某一紀錄（值組）。

特性⏭ 1. 實體必須是可區別的（Distinguishable）。

2. 主鍵值未知，代表是一個不確定的實體，不能存放在資料關聯表中。

如圖2-28所示：

	學號	姓名	系所名稱
#1	S0001	張三	資管系
#2	S0002	李四	企管系
#3	S0003	王五	工管系
#4	S0004	林六	資工系
#5	NULL		

無法新增

#5	NULL	陳生	會計系

❖圖2-28　主鍵值未知不能放在資料關聯表中

3. 實體完整性規則只適用於基本關聯（Base Relation），不考慮視界（View）。

　(1) **基本關聯（Base Relation）**

　　　真正存放資料的具名關聯，是透過SQL的Create Table敘述來建立。

　　　基本關聯對應於ANSI/SPARC的「**概念層**」。

　(2) **視界（View）**

　　　是一種具名的衍生關聯、虛擬關聯，定義在某些基本關聯上，本身不含任何資料。視界相對應於ANSI/SPARC的「**外部層**」。

4. 在建立資料表時可以設定某欄位為主鍵，以確保實體完整性和唯一性。

5. 複合主鍵（學號與課號）中的任何屬性值皆不可以是空值（Null）。如圖2-29所示：

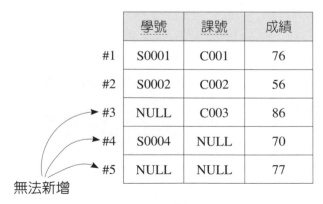

	學號	課號	成績
#1	S0001	C001	76
#2	S0002	C002	56
#3	NULL	C003	86
#4	S0004	NULL	70
#5	NULL	NULL	77

無法新增

❖圖2-29　複合主鍵的屬性值不得為空值

說明：主鍵是由多個欄位連結而成的組合鍵，因此，每一個欄位值都不可為空值（Null）。

2-4-2 參考完整性規則（Referential Integrity Rule）—針對外來鍵

在完成建立資料庫及資料表之後，如果沒有把它們整合起來，則「學生資料表」中的外來鍵（系碼）就無法與「科系代碼表」的主鍵（系碼）之間進行關聯了，這將會導致資料庫不一致的問題。也就是違反了資料庫之「參考完整性規則」。

定義⏭ 是指用來確保兩個資料表之間的資料一致性，避免因一個資料表的紀錄改變時，造成另一個資料表的內容變成無效的值。因此，子關聯表的外來鍵（FK）的資料欄位值，一定要存在於父關聯表的主鍵（PK）中的資料欄位值。

範例⏭ 學生資料表（子關聯表）的系碼（外來鍵；FK）一定要存在於科系代碼表（父關聯表）的系碼（主鍵；PK）中。如圖2-30所示：

存在於

學生資料表(子關聯表)

	學號	姓名	系碼(FK)
#1	S0001	張三	D001
#2	S0002	李四	D001
#3	S0003	王五	D002

科系代碼表(父關聯表)

系碼	系名	系主任
D001	資工系	李春雄
D002	資管系	李碩安

圖2-30 參考完整性範例

參考完整性規則的特性

1. 基本上，至少要有兩個或兩個以上的資料表才能執行「參考完整性規則」。
2. 由父關聯表的「主鍵」與子關聯表的「外來鍵」的關係，來建立兩資料表間資料的關聯性。
3. 建立「參考完整性」之後，就可以即時有效檢查使用者的輸入值，以避免無效的值發生。

2-4-3 值域完整性規則（Domain Integrity Rule）

定義▶▶ 是指在「單一資料表」中，對於所有屬性（Attributes）的內含值，必須來自值域（Domain）的合法值群中。亦即是指在「單一資料表」中，同一資料行中的資料屬性必須要相同，資料類型也要相同。

範例▶▶ 「性別」屬性的內含值，必須是「男生」或「女生」，而不能超出定義域（Domain）的合法值群。

特性▶▶ 1. 作用在「單一資料表」中。

　　　 2. 「同一資料行」中的「資料屬性」必須要「相同」。

　　　 3. 建立資料表可以「設定條件」來檢查值域是否為合法值群。

範例1▶▶ 學生資料表中的系碼僅能存放文字型態的資料，並且一定只有四個字元，不可以超過四個字元，或使用其他的日期格式等型態。

範例2▶▶ 學生成績資料表中的成績資料行僅能存放數值型態的資料，不可以有文字或日期等型態。

範例3▶▶ 當要新增學生的成績時，其成績的屬性內含值，必須要自定義域，其範圍為0~100分，如果成績超出範圍，則無法新增。如圖2-31所示。

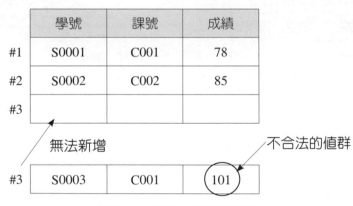

❇圖2-31 值域完整性示意圖

2-4-4 空值（Null Value）

定義▶▶ 1. 空值是一種特殊記號，用以記錄目前不詳的資料值。

　　　 2. 空值不是指「空白格」或「零值」。

　　　 3. 空值可分為以下三種：

　　　　　 (1) **可應用的空值**（Application Null Value）：一般指目前不知道的值，但此值確實存在。例如：張三已婚，但其配偶欄的姓名尚未填入。

(2) **不可應用的空值**（Inapplicable Null Value）：目前完全沒有存在這個值。例如：張三未婚，其配偶欄的值為空值。

(3) **完全未知的空值**（Totally Unknown）：完全不知道這個值是否存在。例如：陌生人張三<不知已婚或未婚>，其配偶欄的值。

❈圖2-32

2-4-5 非空值（Not Null）

定義▶▶ 資料行必須有正確的資料值，不可為空值。

範例▶▶ 在「學生資料表」中的「學號」和「姓名」兩個欄位值必須確定，不可為空值。因此，在建立資料表時就必須宣告為NOT NULL。

❈圖2-33 非空值資料行必須有正確的值，不能為空值

2-4-6 外來鍵使用法則

在「關聯式資料庫」中，若進行刪除(Delete)或更新(Update)運算時，發現違反「參考完整性規則」，則常見有以下三種策略：

刪除（Delete）運算時的四種方式

1. 限制作法（Restricted）──預設作法

2. 連帶作法（Cascades）

3. 空值化（Set Null）

4. 設定為預設值

更新（**Update**）運算時的四種方法

1. 限制作法（Restricted）——預設作法

2. 連帶作法（Cascades）

3. 空值化（Set Null）

4. 設定為預設值

一、刪除（Delete）運算

1. 沒有動作（No Action）：又稱為限制作法（Restricted）

定義▶▶ 在刪除「父關聯表」的一個紀錄時，如果該紀錄的主鍵，沒有被「子關聯表」的外鍵參考時，則允許被刪除；反之，則不允許。亦即被參考的紀錄拒絕被刪除。

範例▶▶ 當刪除「科系代碼表」的第三筆紀錄（D003，軟工系，葉主任），是可以的（因為沒有被參考到）；但是欲刪除第1、2筆時，不允許（因為有被參考到）。

子關聯表   外鍵參考主鍵   父關聯表

學生資料表   科系代碼表

	學號	姓名	系碼
#1	S0001	一心	D001
#2	S0002	二聖	D001
#3	S0003	三多	D002
#4	S0004	四維	D002
#5	S0005	五福	D001

	系碼	系名	系主任
#1	D001	資工系	李春雄
#2	D002	資管系	李碩安
#3	D003	軟工系	葉主任

✿圖2-34 刪除運算—限制作法

2. 重疊顯示：又稱為連帶作法（Cascades）

定義▶▶ 在刪除「父關聯表」的一個紀錄時，也會同時刪除「子關聯表」中擁有相同外來鍵值紀錄。

範例▶▶ 在圖2-34中，欲刪除「科系代碼表」中的第二筆記錄（D002，資管系，李碩安），也必須同時刪除「學生資料表」中的第三筆與第四筆記錄。

3. 空值化（Set Null）

定義▶▶ 在刪除「父關聯表」的一個紀錄時，也會同時將「子關聯表」中擁有相同外來鍵予以空值化。

範例▶▶ 在圖2-34中，欲刪除「科系代碼表」中的第二筆紀錄（D002，資管系，李碩安），也必須同時將「學生資料表」中系碼屬性有「D002」的第3、4筆的值空值化。

4. 設定為預設值

定義▶▶ 在刪除「父關聯表」的一個記錄時，也會同時將「子關聯表」中擁有相同外鍵設定為預設值。

範例▶▶ 在圖2-34中，欲刪除「科系代碼表」中的第二筆記錄（D002，資管系，李碩安），也必須同時將「學生資料表」中系碼屬性有「D002」的第3、4筆設定為預設值。假設預設值為「D003」。

二、更新（Update）運算

1. 沒有動作（No Action）：又稱為限制作法（Restricted）

定義▶▶ 在更新「父關聯表」的一個紀錄時，如果該紀錄的主鍵，沒有被「子關聯表」的外來鍵參考時，則允許被更新；反之，則不允許。亦即被參考的紀錄拒絕被更新。

範例▶▶ 當更新「科系代碼表」中的D001為A001時，不允許；當更新「科系代碼表」中D003為A003時，允許。

子關聯表　　　　外鍵參考主鍵　　　父關聯表

學生資料表

	學號	姓名	系碼
#1	S0001	一心	D001
#2	S0002	二聖	D001
#3	S0003	三多	D002
#4	S0004	四維	D002
#5	S0005	五福	D001

科系代碼表

	系碼	系名	系主任
#1	D001	資工系	李春雄
#2	D002	資管系	李碩安
#3	D003	軟工系	葉主任

✗ 圖2-35 更新運算—限制作法

2. **連帶作法（Cascades）**

定義 ▶▶| 在更新「父關聯表」的一個紀錄時，也會同時更新「子關聯表」中擁有相同外來鍵值紀錄。

範例 ▶▶| 在圖2-35中，欲更新「科系代碼表」中的「D001」為「A001」，也必須同時將「學生資料表」中的第1、2、5三筆紀錄的「D001」修改為「A001」。

3. **空值化（Set Null）**

定義 ▶▶| 在更新「父關聯表」的一個紀錄時，也會同時將「子關聯表」中擁有相同外來鍵予以空值化。

範例 ▶▶| 在圖2-35中，欲更新「科系代碼表」中的第2筆紀錄（D002）為「A002」時，也必須同時將「學生資料表」中的第3、4筆紀錄的「D002」修改為空值（Null）。

4. **設定為預設值**

定義 ▶▶| 在更新「父關聯表」的一個記錄時，也會同時將「子關聯表」中擁有相同外鍵設定為預設值。

範例 ▶▶| 在圖2-35中，欲更新「科系代碼表」中的第二筆記錄（D002）為「A002」時，也必須同時將「學生資料表」中第3、4筆記錄的「D002」設定為預設值。

(A) 1. 您刪除名為Order資料表中的資料列。OrderItem資料表中的對應資料列將被自動刪除。
 (A)串聯刪除　　　　　　　　　(B)Domino刪除
 (C)功能性(Functional)刪除　　(D)繼承的刪除
 (E)瀑布式(Waterfall)刪除

解析 在「關聯式資料庫」中，若進行刪除（Delete）運算時，發現違反「參考完整性規則」，則常見有以下四種策略：
1. 沒有動作（No Action），又稱為限制作法（Restricted）<預設作法>。
2. **重疊顯示：又稱為連帶作法（Cascades）：表示自動刪除（亦即串聯刪除）。**
3. 設定Null：又稱為空值化（Set Null）。
4. 設定為預設值。

範例 刪除「科系代碼表」中的第二筆記錄（D002，資管系，李碩安），則「學生資料表」中的第3、4筆記錄一併同時被刪除。

LEECHA3.ch2_DB - dbo.科系代碼表		
系碼	系名	系主任
D001	資工系	李春雄
D002	資管系	李碩安

LEECHA3.ch2_DB - dbo.學生資料表		
學號	姓名	系碼
S0001	一心	D001
S0002	二聖	D001
S0003	三多	D002
S0004	四維	D002
S0005	五福	D001

(A) 2. 以下關於主鍵與外來鍵的敘述哪些是正確的?
　　　　(A)主鍵不能有空值
　　　　(B)每個非空值的外來鍵應該有一個對應的主鍵
　　　　(C)外鍵一定是主鍵的一部分
　　　　(D)主鍵必須是數值
　　　　(E)外鍵不能有空值

解析 1. 主鍵（Primary Key; PK）：是指用來識別記錄的唯一性，它不可以重複及空值（Null）（主鍵可以為數值型態或其他的資料型態）。例如：學生資料表中的「學號」及科系代碼表中的「系碼」。

　　　　2. 外鍵（Foreign Key; FK）：是指用來建立資料表之間的關係，其外鍵內含值必須要與另一個資料表的主鍵相同（外鍵可以為空或重複）。

(C) 3. 哪個索引鍵可唯一識別資料表中的資料列？
　　　　(A)外部索引鍵　　　　　　　　(B)本機索引鍵
　　　　(C)主索引鍵　　　　　　　　　(D)超級索引鍵(SuperKey)

解析 主索引鍵（Primary Key; PK）：是指用來識別記錄（即資料列）的唯一性，它不可以重複及空值。例如：學生資料表中的「學號」及科系代碼表中的「系碼」。

（ B,D ） 4. 哪個索引鍵會建立兩個資料表之間的關聯性？(每個正確答案僅提供部分解
　　　　 決方案。請選擇兩個答案)。
　　　　 (A)候選索引鍵　　　　　　　(B)外部索引鍵
　　　　 (C)本機索引鍵　　　　　　　(D)主索引鍵
　　　　 (E)超級索引鍵(SuperKey)

解析 假設學校行政系統中有一個尚未分割的「學籍資料表」，如下表所示：

	學號	姓名	系碼	系名	系主任
#1	S0001	一心	D001	資工系	李春雄
#2	S0002	二聖	D001	資工系	李春雄
#3	S0003	三多	D002	資管系	李碩安
#4	S0004	四維	D002	資管系	李碩安
#5	S0005	五福	D002	資管系	李碩安

大量資料重複現象

由上表中，我們可以清楚看出多筆資料重複現象。因此，我們可以將上表中的
「學籍資料表」分割為「學生資料表」與「科系代碼表」。

方法 1. 將重複資料項取出後，只保留不重複的記錄。➡科系代碼表
　　　　 2. 再將「科系代碼表」的主鍵嵌入到「學生資料表」中，當作它的外鍵。

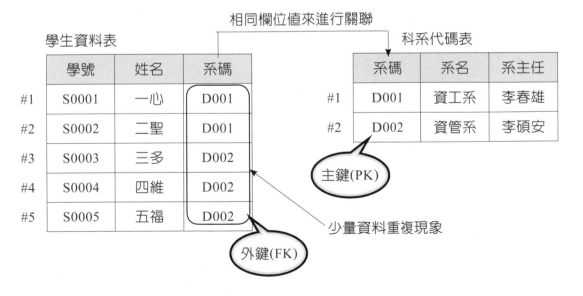

相同欄位值來進行關聯

學生資料表　　　　　　　　　　　　　　　　科系代碼表

主鍵(PK)

少量資料重複現象

外鍵(FK)

(C) 5. 哪個條件約束可確保每個客戶ID資料行的值都是唯一的？
   (A)相異(DISTINCT)　　　　　　(B)外部索引鍵
   (C)主索引鍵　　　　　　　　　(D)循序(SEQUENTIAL)

解析 主索引鍵（Primary Key; PK）：可以用來確保一個資料表中，每一筆記錄（資料行）的唯一性。

(B) 6. 您的資料庫中有Department資料表和Employee資料表，您需要確保員工只能被指派至現有部門。您應該將什麼套用到Employee資料表？
   (A)資料型別　　　　　　　　　(B)外部索引鍵
   (C)索引　　　　　　　　　　　(D)主索引鍵
   (E)唯一條件約束

解析

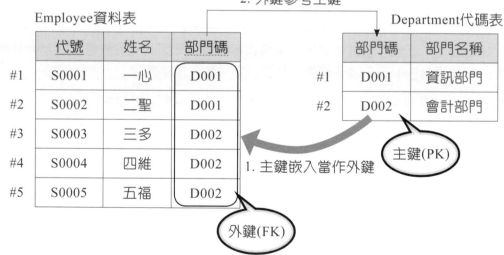

(A) 7. 您有一個名為Product的資料表，它包含一百萬個資料列。您需要使用產品的唯一識別碼在Product資料表中搜尋產品資訊。什麼可讓此類型的搜尋更有效率？
   (A)索引　　　　　　　　　　　(B)觸發程序
   (C)子查詢　　　　　　　　　　(D)資料指標

解析 在資料表中設定某一個欄位為「主索引」時，其主要的目的除了避免重複之外，就是提高查詢的效能。

CHAPTER 3

MTA Certification

資料庫正規化

●● 本章學習目標

1. 讓讀者瞭解資料庫正規化的概念及目的。
2. 讓讀者瞭解資料庫正規化（Normalization）程序及規
   則。

●● 本章內容

3-1 正規化的概念

●●●●●

資料庫是用來存放資料的地方。因此，如何妥善的規劃**資料庫綱要**（Database Schema）是一件很重要的工作。但是，資料庫綱要的設計必須要配合實務上的需要，因此，當資料庫綱要設計完成後，如何檢視設計是否良好，就必須要使用**正規化**（Normalization）的方法論了。

何謂**正規化**（Normalization）？「正規化」就是結構化分析與設計中，**建構「資料模式」**所運用的一種技術，其目的是為了**降低資料的「重複性」**，與**避免「更新異常」**的情況發生。

因此，就必須將整個資料表中具重複性的資料剔除，否則，在關聯表中會造成新增異常、刪除異常、修改異常的狀況發生。

3-2 正規化的目的

一般而言，正規化的精神就是讓資料庫中重複的欄位資料減到最少，並且能快速的找到資料，以提高關聯性資料庫的效能。其目的有下列兩項：

1. **降低資料重複性**（Data Redundancy）。
2. **避免資料更新異常**（Anomalies）。

一、降低資料重複性（Data Redundancy）

正規化的目的是什麼呢？簡單來說，就是降低資料重複的狀況發生。

試想，當校務系統的「學籍資料」分別存放在「教務處」與「學務處」時，不僅資料重複儲存、浪費空間。更嚴重的是：當學生姓名變更時，就必須要同時更改「教務處」與「學務處」的「學籍資料」，否則將導致資料不一致的現象。因此，資料庫如果沒有事先進行正規化，將會增加應用系統撰寫的困難；同時也會增加資料庫的處理負擔。所以，**降低資料重複性是「正規化」的重要工作**。

方法▶▶　在「教務處」與「學務處」的資料表中，把相同的資料項，抽出來組成一個新的資料表（學籍資料表），如圖3-1所示：

教務處資料表

學號	姓名	學業成績
S0001	張三	60
S0002	李四	70
S0003	王五	80
S0004	李安	90

學務處資料表

學號	姓名	操行成績
S0001	張三	80
S0002	李四	93
S0003	王五	75
S0004	李安	60

重複項取出，保留關聯必要欄位

教務處資料表

序號	學號	學業成績
1	S0001	60
2	S0002	70
3	S0003	80
4	S0004	90

學籍資料表(學生資料表)

學號	姓名
S0001	張三
S0002	李四
S0003	王五
S0004	李安

學務處資料表

序號	學號	操行成績
1	S0001	80
2	S0002	93
3	S0003	75
4	S0004	60

外鍵(F.K.)　主鍵(P.K.)　外鍵(F.K.)

圖3-1 正規化：將兩個表格切成三個資料表

說明 在正規化之後，「學籍資料表」的主鍵（P.K.）分別與「學務處資料表」的外來鍵（F.K.）及「教務處資料表」的外來鍵（F.K.）進行關聯，以產生關聯式資料庫。

二、避免資料更新異常（Anomalies）

(一) 新增異常（Insert Anomalies）

新增某些資料時必須同時新增其他的資料，否則會產生新增異常現象。亦即在另一個實體的資料尚未插入之前，無法插入目前這個實體的資料。

(二) 修改異常（Update Anomalies）

修改某些資料時必須一併修改其他的資料，否則會產生修改異常現象。

(三) 刪除異常（Delete Anomalies）

刪除某些資料時必須同時刪除其他的資料，否則會產生刪除異常現象。亦即刪除單一資料列卻造成多個實體的資訊遺失。

範例

假設某國立大學開設「網路碩士學分班」，其「學員課程收費表」如圖3-2所示。

學號	課號	學分費
S0001	C001	3000
S0002	C002	4000
S0003	C001	3000
S0004	C003	5000
S0005	C002	4000

✿ 圖3-2 學員課程收費表

學員的選課須知如下：

1. **每一位學員只能選修一門課程。**

2. **每一門課程均有收費標準。**（C001為3000元，C002為4000元，C003為5000元）

說明▶▶ 在圖3-2的「學員課程收費表」中雖然僅僅只有三個欄位，但是已不算是一個良好的儲存結構，因為此表格中有資料重複現象。

例如▶▶ 有些課程的費用在許多學員身上重複出現（S0001與S0003；S0002與S0005），因此可能會造成錯誤或不一致的異常（Anomalies）現象。

分析▶▶ 三種可能的異常（Anomalies）現象

1. **新增異常**

   假設學校又要新增C004課程，但此課程無法立即新增到資料表中，除非至少有一位學員選修了C004這門課程。

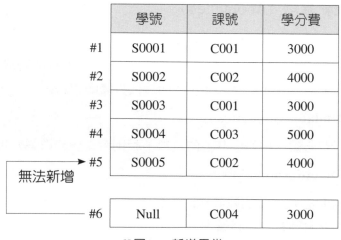

✿ 圖3-3 新增異常

2. **修改異常**

假如C002課程的學分費由4000元調整為4500元時，若「C002課程」有多位學員選修，因此，修改「S0002」學員的學分費時，可能有些紀錄未修改到（S0005），造成資料的不一致現象。

	學號	課號	學分費
#1	S0001	C001	3000
#2	S0002	C002	4000 調整→4500
#3	S0003	C001	3000
#4	S0004	C003	5000
#5	S0005	C002	4000 忘了調整

── 造成C002課程的學分費不一致現象

❈圖3-4 修改異常

3. **刪除異常**

假設學員S0004退選時，同時也刪除C003這門課程，由於該課程只有S0004這位學員選修，因此，若把這一筆紀錄刪除，從此我們將失去C003這門課程及其學分費的資訊。

	學號	課號	學分費
#1	S0001	C001	3000
#2	S0002	C002	4000
#3	S0003	C001	3000
#4	~~S0004~~	~~C003~~	~~5000~~
#5	S0005	C002	4000

失去C003課程及其相關資訊

❈圖3-5 刪除異常

解決方法▶▶ 　正規化。

由於上述的分析，發現「學員課程收費表」並不是一個良好的儲存結構，因此，我們就必須要採用第3-4節所要討論的正規化，將學員課程收費表分割成兩個資料表——即「選課表」與「課程收費對照表」，才不會發生上述的異常現象。

學員課程收費表

學號	課號	學分費
S0001	C001	3000
S0002	C002	4000
S0003	C001	3000
S0004	C003	5000
S0005	C002	4000

正規化　　　　　　　　　　　　　　　　　正規化

選課表

	學號	課號
#1	S0001	C001
#2	S0002	C002
#3	S0003	C001
#4	S0004	C003
#5	S0005	C002

課程收費對照表

	課號	學分費
#1	C001	3000
#2	C002	4000
#3	C003	5000

❖圖3-6

3-3 功能相依（Functional Dependence）

一、功能相依的概念

定義 功能相依（Functional Dependence; FD）是指資料表中各欄位之間的相依性。亦即某欄位不能單獨存在，必須要和其他欄位一起存在時才有意義，稱這兩個欄位具有功能相依。

範例 **學生資料表**

姓名	學號	性別	系所	電話	地址

圖3-7

說明 在上面的資料表中，「姓名」欄位的值必須搭配「學號」欄位才有意義。則我們說「姓名欄位**相依於**學號欄位」。

換言之，在「學生資料表」中，「學號」決定了「姓名」，也決定了「性別」、「系所」、「電話」、「地址」等資訊，我們可以用圖3-8所示的方法來表示這些功能相依性。

學生資料表

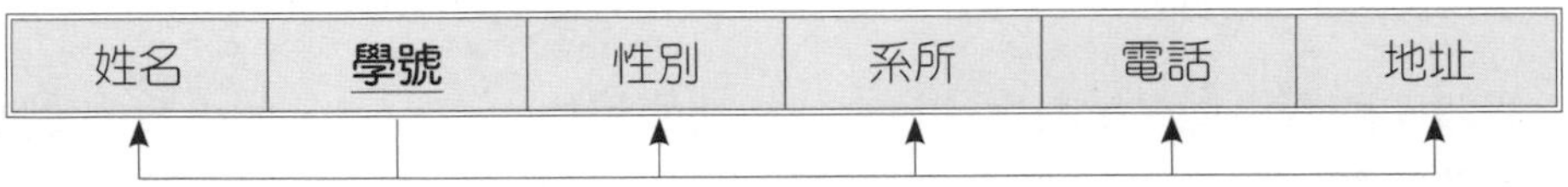

圖3-8

分析
1. 學號 → 姓名
2. 學號 → {姓名，性別，系所，電話，地址}
3. 學號：為**決定因素**（∵學號→姓名）
4. 姓名，性別，系所，電話，地址：為**相依因素**

因此，「學號」欄位為主鍵，作為唯一辨識該筆紀錄的欄位。「姓名」欄位必須要相依於「學號」欄位，對此資料表來說，「姓名」欄位才有意義；同理可證，「地址」欄位亦必須相依於「學號」欄位才有意義。

二、功能相依（FD）的表示方式

1. 假設有一個資料表R，並且有三個欄位，分別為X、Y、Z，因此，我們就可以利用一條數學式來表示：

$$R=\{X,Y, Z\}$$

2. 假設在R={X,Y, Z}數學式中，X和Y之間存在「功能相依」，並且存在Y功能相依於X，則我們可以利用以下的表示式：

　(1)　$Y \propto X$　（Y功能相依於X）

　(2)　$X{\rightarrow}Y$　（X決定Y）

　若$X{\rightarrow}Y$時，在FD的左邊X稱為**決定因素**（Determinant）

　　　　　　　　在FD的右邊Y稱為**相依因素**（Dependent）

3. 示意圖：

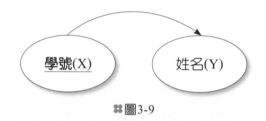

❉圖3-9

3-3-1　完全功能相依（Full Functional Dependency）

定義▶▶　假設在關聯表R(X,Y,Z)中，包含一組功能相依(X,Y)→Z，如果我們從關聯表R中移除任一屬性X或Y時，則使得這個功能相依(X,Y)→Z不存在，此時我們稱Z為「完全功能相依」於(X,Y)。

　　　　反之，若(X,Y)→Z存在，我們稱Z為「部分功能相依」於(X,Y)。

範例▶▶　{學號(X)，課號(Y)} → 成績(Z)　　　➡這是「完全功能相依」

　　　　如果從關聯表中移除課號(Y)，則功能相依(X)→Z不存在。

　　　　因為，「學號」和「課號」兩者一起決定了「成績」，缺一不可。否則，只有一個學號對應一個成績，無法得知該成績是哪一門課程的分數。亦即成績(Z)完全功能相依於{學號(X)，課號(Y)}。

3-3-2　部分功能相依（Partial Functional Dependency）

定義▶▶　假設在關聯表R(X,Y,Z)中包含一組功能相依(X,Y)→Z，如果我們從關聯表R中移除任一屬性X或Y時，則使得這個功能相依(X,Y)→Z存在，此時我們稱Z為「部分功能相依」於(X,Y)。

範例 ▶▶ {學號(X)，身分證字號(Y)} → 姓名(Z)　　　➡這是「部分功能相依」

如果從關聯表中移除身分證字號(Y)，則功能相依(X)→Z存在。因為，「學號」也可以決定「姓名」，他們之間也具有功能相依性。

3-3-3 遞移相依（Transitive Dependency）

定義 ▶▶ 是指在二個欄位間並非直接相依，而是借助第三個欄位來達成資料相依的關係。

範例 ▶▶ Y相依於X；而Z又相依於Y，如此，X與Z之間就是遞移相依的關係。

示意圖 ▶▶

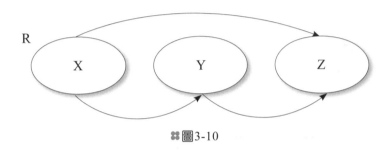

❀圖3-10

在上面的關聯表R(X,Y,Z)中包含一組相依X→Y,Y→Z，則X→Z，此時我們稱**Z遞移相依於X**。

範例 ▶▶ 假設「課程代號」決定「老師編號」，並且「老師編號」又可以決定「老師姓名」，則「課程代號」與「老師姓名」之間是什麼相依關係呢？

解答 ▶▶ 課程代號→老師編號

老師編號→老師姓名

因為，「課程代號」可以決定「老師編號」；並且「老師編號」又可以決定「老師姓名」，因此，**「課程代號」與「老師姓名」之間存在遞移相依性**。

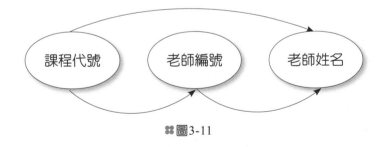

❀圖3-11

3-4 資料庫正規化（Normalization）

定義⏭ 是指將原先關聯表的所有資訊，在「**分解**」之後，仍能由數個新關聯表中經過「**合併**」得到相同的資訊。即所謂的「**無損失分解（Lossless Decomposition）**」的觀念。

無損失分解觀念

當關聯表R被「**分解**」成數個關聯表R1、R2、…、Rn時，則可以再透過「**合併**」R1⋈R2⋈ … ⋈Rn得到相同的資訊R。如圖3-12所示。

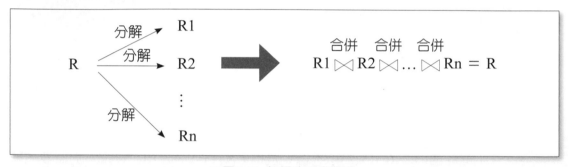

圖3-12 無損失分解觀念

範例⏭

A	B	C
1	2	3
4	5	6
7	3	8

分解

A	B
1	2
4	5
7	3

B	C
2	3
5	6
3	8

合併

A	B	C
1	2	3
4	5	6
7	3	8

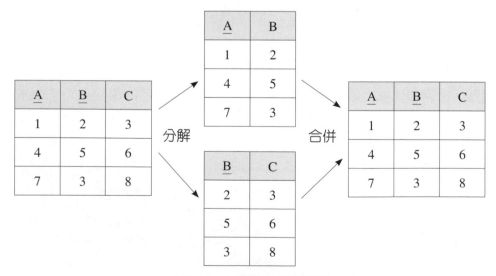

圖3-13 無損失分解示意圖

【註】**分解**：是指透過「正規化」技術，將一個大資料表分割成二個小資料表。
合併：是指透過「合併」理論，將數個小資料表整合成一個大資料表。
（將在第6章介紹）。

3-4-1　正規化示意圖

正規化就是對一個「非正規化」的原始資料表，進行一連串的「分割」，並且分割成數個「不重複」儲存的資料表。如圖3-14所示。

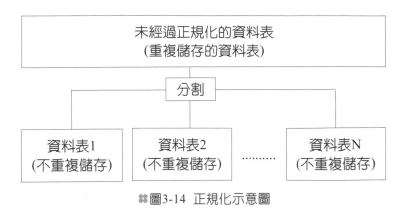

❊圖3-14　正規化示意圖

在圖3-14中，利用一連串的「分割」，亦即利用所謂的「正規化的規則」，循序漸進地將一個「重複性高」的資料表分割成數個「重複性低」或「沒有重複性」的資料表。

3-4-2　正規化的規則

資料庫在正規化時會有一些規則，並且每條規則都稱為「**正規形式**」。如果符合第一條規則，則資料庫就稱為「**第一正規化形式（1NF）**」。如果符合前二條規則，則資料庫就被視為屬於「**第二正規化形式（2NF）**」。雖然資料庫的正規化最多可以進行到第五正規化形式，但是在實務上，**BCNF被視為大部分應用程式所需的最高階正規形式**。

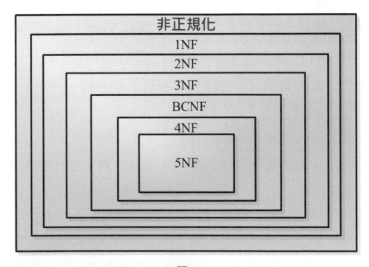

❊圖3-15

　　從圖3-15中我們可以清楚得知，正規化是循序漸進的過程，亦即資料表必須滿足第一正規化的條件之後，才能進行第二正規化。換言之，第二正規化必須建立在符合第一正規化的資料表上，依此類推。

正規化步驟

　　在資料表正規化的過程（1NF到BCNF）中，每一個階段都是以欄位的「**相依性**」作為「**分割資料表**」的依據之一。其完整的正規化步驟如圖4-16所示：

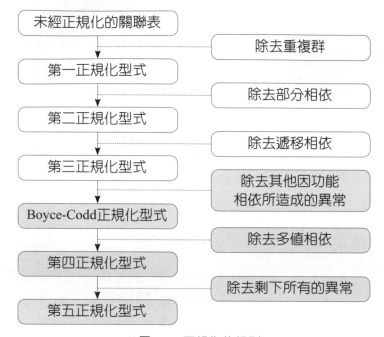

❈圖3-16　正規化的規則

1. **第一正規化（First Normal Form；1NF）**：由E.F.Codd提出。

   滿足所有紀錄中的屬性內含值都是基元值（Atomic Value）。亦即**無重複項目群**。

2. **第二正規化（Second Normal Form；2NF）**：由E.F.Codd提出。

   符合1NF，且每一非鍵值欄位「完全功能相依」於主鍵。亦即**不可「部分功能相依」於主鍵**。

3. **第三正規化（Third Normal Form；3NF）**：由E.F.Codd提出。

   符合2NF，且每一非鍵值欄位非「遞移相依」於主鍵。亦即**除去「遞移相依」問題**。

4. **Boyce-Codd正規化型式（Boyce-Codd Normal Form；BCNF）**：由R.F. Boyce與E.F.Codd共同提出。

   符合3NF，且**每一決定因素（Determinant）皆是候選鍵**，簡稱為BCNF。

5. 第四正規化（Fourth Normal Form；4NF）：由R. Fagin提出。

   符合BCNF，再除去所有的多值相依。

6. 第五正規化（Fifth Normal Form；5NF）：由R. Fagin提出。

   符合4NF，且**沒有合併相依**。

3-4-3 第一正規化（1NF）

定義 ▶▶ 是指在資料表中的所有紀錄之屬性內含值都是基元值（Atomic Value）。亦即**無重複項目群**。

範例 ▶▶ 假設現在有一份某科技大學的學生選課資料表，如圖3-17(a)所示：

我們可以將圖3-17(a)的原始資料利用二維表格來儲存，如圖3-17(b)。

某某科技大學【學生選課資料表】

==

學號：001　　　　　　　**姓名：李碩安**　　　　　　　**性別：男**

課程代碼	課程名稱	學分數	必選修	成績	老師編號	老師姓名
C001	程式語言	4	必	74	T001	李安
C002	網頁設計	3	選	93	T002	張三

學號：002　　　　　　　**姓名：李碩崴**　　　　　　　**性別：男**

課程代碼	課程名稱	學分數	必選修	成績	老師編號	老師姓名
C002	網頁設計	3	選	63	T002	張三
C003	計　概	2	必	82	T003	李四
C005	網路教學	4	選	94	T005	王五

❀圖3-17(a) 學生選課資料表　　　　二維表格來儲存

學號	姓名	性別	課程代碼	課程名稱	學分數	必選修	成績	老師編號	老師姓名
001	李碩安	男	C001	程式語言	4	必	74	T001	李安
			C002	網頁設計	3	選	93	T002	張三
002	李碩崴	男	C002	網頁設計	3	選	63	T002	張三
			C003	計　概	2	必	82	T003	李四
			C005	網路教學	4	選	94	T005	王五

重複資料項目

❀圖3-17(b) 未正規化的資料表：學生選課資料報表

但是，我們發現有許多屬性的內含值都具有二個或二個以上的值（亦稱為重複資料項目），其原因為：尚未進行第一正規化。

未符合1NF資料表的缺點

圖3-17資料表中的「課程代碼」、「課程名稱」、「學分數」、「必選修」、「成績」、「老師編號」及「老師姓名」欄位的**長度無法確定**，因為學生要選修多少門課程無法事先得知（李碩安同學選了2門，李碩崴同學選了3門）。因此，必須要預留很大的空間給這七個欄位，如此反而**造成儲存空間的浪費**。

●●. 隨堂練習 .●●

Q 請將下表利用二維表格來儲存。

雄雄桌球用品公司【客戶訂購單】

==

客戶代號：001　　　　　客戶姓名：李碩安　　　　　性別：男

訂單代號：Od01　　　　訂單日期：2010/1/1

產品代碼	產品名稱	數量	單價
P001	桌球拍	2	1500
P002	桌球	10	35
P003	桌球衣	1	450

　　　　　　　　　總計　　3,800

A

客戶代號	客戶姓名	性別	訂單代號	訂單日期	產品代碼	產品名稱	數量	單價

註：「總計」欄位屬於衍生屬性，所以不需建立在資料表中。

第一正規化的規則

1. **每一個欄位只能有一個基元值（Atomic），即單一值。**

   例如：「課程名稱欄位」中不能存入兩科或兩科以上的課程名稱。

2. **沒有任何兩筆以上的資料是完全重複。**

3. **資料表中有主鍵，而其他所有的欄位都相依於「主鍵」。**

   例如1：姓名與性別欄位都相依於「學號」欄位。

   例如2：課程名稱、學分數、必選修、老師編號及老師姓名相依於「課程代碼」欄位。

   例如3：「成績」欄位相依於「學號」與「課程代碼」欄位。

第一正規化的作法

將重複的資料項分別儲存到不同的紀錄中，並加上適當的主鍵。

步驟1⏭ 檢查是否存在「重複資料項」。

重複資料項目

學號	姓名	性別	課程代碼	課程名稱	學分數	必選修	成績	老師編號	老師姓名
001	李碩安	男	C001 C002	程式語言 網頁設計	4 3	必 選	74 93	T001 T002	李安 張三
002	李碩崴	男	C002 C003 C005	網頁設計 計　概 網路教學	3 2 4	選 必 選	63 82 94	T002 T003 T005	張三 李四 王五

圖3-18 未經正規化前的學生選課表

步驟2▶▶ 將重複資料項分別儲存到不同的紀錄中,並加上適當的主鍵。

未經正規化前的學生選課表

學號	姓名	性別	課程代碼	課程名稱	學分數	必選修	成績	老師編號	老師姓名
001	李碩安	男	C001	程式語言	4	必	74	T001	李安
			C002	網頁設計	3	選	93	T002	張三
002	李碩崴	男	C002	網頁設計		選	63	T002	張三
			C003	計　概	2	必	82	T003	李四
			C005	網路教學	4	選	94	T005	王五

（重複資料項目）

經過正規化後的學生選課表(1NF)　　　　　　儲存到不同的紀錄中

學號	姓名	性別	課程代碼	課程名稱	學分數	必選修	成績	老師編號	老師姓名
001	李碩安	男	C001	程式語言	4	必	74	T001	李安
001	李碩安	男	C002	網頁設計	3	選	93	T002	張三
002	李碩崴	男	C002	網頁設計	3	選	63	T002	張三
002	李碩崴	男	C003	計　概	2	必	82	T003	李四
002	李碩崴	男	C005	網路教學	4	選	94	T005	王五

經過正規化後的學生選課表(1NF)

學號	姓名	性別	課程代碼	課程名稱	學分數	必選修	成績	老師編號	老師姓名
001	李碩安	男	C001	程式語言	4	必	74	T001	李安
001	李碩安	男	C002	網頁設計	3	選	93	T002	張三
002	李碩崴	男	C002	網頁設計	3	選	63	T002	張三
002	李碩崴	男	C003	計　概	2	必	82	T003	李四
002	李碩崴	男	C005	網路教學	4	選	94	T005	王五

✥圖3-19

　　在經過第一正規化之後,使得每一個欄位內只能有一個資料(基元值)。雖然增加了許多紀錄,但每一個欄位的「長度」及「數目」都可以固定,而且我們可用「課程代碼」欄位加上「學號」欄位當作主鍵,使得在查詢某學生修某課程的「成績」時,就非常方便而快速了。

3-4-4 第二正規化（2NF）

在完成了第一正規化之後，讀者是否發現在資料表中產生許多重複的資料。如此，不但浪費儲存的空間，更容易造成新增、修改或刪除資料時的異常狀況，說明如下。

一、新增異常（Insert Anomaly）

紀錄	學號	姓名	性別	課程代碼	課程名稱	學分數	必選修	成績	老師編號	老師姓名
#1	001	李碩安	男	C001	程式語言	4	必	74	T001	李安
#2	001	李碩安	男	C002	網頁設計	3	選	93	T002	張三
#3	002	李碩崴	男	C002	網頁設計	3	選	63	T002	張三
#4	002	李碩崴	男	C003	計　　概	2	必	82	T003	李四
#5	002	李碩崴	男	C005	網路教學	4	選	94	T005	王五

無法新增

例如：鍵入#6筆紀錄，如下所示：

紀錄	學號	姓名	性別	課程代碼	課程名稱	學分數	必選修	成績	老師編號	老師姓名
#6	NULL			C004	系統分析				NULL	

圖3-20 新增異常

無法先新增課程資料，如「課程代碼」及「課程名稱」，要等選課之後，才能新增。原因：以上的新增動作違反「實體完整性規則」，因為「主鍵或複合主鍵」不可以為空值（NULL）。

二、修改異常（Update Anomaly）

紀錄	學號	姓名	性別	課程代碼	課程名稱	學分數	必選修	成績	老師編號	老師姓名
#1	001	李碩安	男	C001	程式語言	4	必	74	T001	李安
#2	001	李碩安	男	C002	網頁設計	3	選	93	T002	張三
#3	002	李碩崴	男	C002	網頁設計	3	選	63	T002	張三
#4	002	李碩崴	男	C003	計　　概	2	必	82	T003	李四
#5	002	李碩崴	男	C005	網路教學	4	選	94	T005	王五

圖3-21 修改異常

「網頁設計」課程重複多次，因此，修改「網頁設計」課程的成績時，可能有些紀錄未修改到，造成資料的不一致現象。

例如：有選「網頁設計」課程的同學之成績各加5分，可能會有些同學有加分；而有些同學卻沒有加分，導致資料不一致的情況。

三、刪除異常（Delete Anomaly）

紀錄	學號	姓名	性別	課程代碼	課程名稱	學分數	必選修	成績	老師編號	老師姓名
#1	001	李碩安	男	C001	程式語言	4	必	74	T001	李安
#2	001	李碩安	男	C002	網頁設計	3	選	93	T002	張三
#3	002	李碩崴	男	C002	網頁設計	3	選	63	T002	張三
#4	002	李碩崴	男	C003	計　　概	2	必	82	T003	李四
#5	002	李碩崴	男	C005	網路教學	4	選	94	T005	王五

✖圖3-22 刪除異常

當刪除#4學生的紀錄時，同時也會刪除課程名稱、學分數及相關的資料。

所以導致「計概」課程的2學分數也同時被刪除了。

綜合上述的三種異常現象，所以，我們必須進行「第二階正規化」來消除這些問題。

第二正規化的規則

如果資料表符合以下的條件，我們說這個資料表符合第二階正規化的形式（Second Normal Form；簡稱2NF）：

1. **符合1NF。**

2. 每一非鍵屬性（如：姓名、性別…）必須「完全相依」於主鍵（學號）；即**不可「部分功能相依」於主鍵。**

換言之，「部分功能相依」只有當「主鍵」是由「多個欄位」組成時才會發生（亦即複合主鍵），也就是當某些欄位只與「主鍵中的部分欄位」有「相依性」，而與另一部分的欄位沒有相依性時。

第二正規化的作法

1. 分割資料表；亦即將「部分功能相依」的欄位「分割」出去，再另外組成「新的資料表」。其步驟如下：

步驟1▸▸ 檢查是否存在「部分功能相依」

「姓名」只相依於「學號」　　　　　　「課程名稱」只相依於「課程代碼」

紀錄	學號	姓名	性別	課程代碼	課程名稱	學分數	必選修	成績	老師編號	老師姓名
#1	001	李碩安	男	C001	程式語言	4	必	74	T001	李安
#2	001	李碩安	男	C002	網頁設計	3	選	93	T002	張三
#3	002	李碩崴	男	C002	網頁設計	3	選	63	T002	張三
#4	002	李碩崴	男	C003	計　概	2	必	82	T003	李四
#5	002	李碩崴	男	C005	網路教學	4	選	94	T005	王五

✿圖3-23

在圖3-23的資料表中，主鍵是由「學號+課程代碼」兩個欄位所組成；但「姓名」和「性別」只與「學號」有「相依性」，亦即（姓名，性別）相依於學號；而「課程名稱」只與「課程代碼」有「相依性」，亦即（課程名稱，學分數，必選修，老師編號，老師姓名）相依於課程代碼。

因此，**「學號」是複合主鍵（學號，課程代碼）的一部分。**

∴存在部分功能相依。

步驟2▸▸ 將「部分功能相依」的欄位分割出去，再另外組成新的資料表。

我們將「選課資料表」分割成三個較小的資料表（加「底線」的欄位為主鍵）：

1. 學生資料表（**學號**，姓名，性別）

學號	姓名	性別
001	李碩安	男
002	李碩崴	男

✿圖3-24

2. 成績資料表（<u>**學號**</u>，<u>**課程代碼**</u>，成績）

<u>**學號**</u>	<u>**課程代碼**</u>	成績
001	C001	74
001	C002	93
002	C002	63
002	C003	82
002	C005	94

圖3-25

3. 課程資料表（<u>**課程代碼**</u>，課程名稱，學分數，必選修，老師編號，老師姓名）

<u>**課程代碼**</u>	課程名稱	學分數	必選修	老師編號	老師姓名
C001	程式語言	4	必	T001	李安
C002	網頁設計	3	選	T002	張三
C003	計　　概	2	必	T003	李四
C005	網路教學	4	選	T005	王五

圖3-26

在第二正規化之後，產生三個資料表，分別為學生資料表、成績資料表及課程資料表。除了「課程資料表」之外，其餘兩個資料表（學生資料表與成績資料表）都已符合2NF、3NF及BCNF。

3-4-5 第三正規化（3NF）

在完成了第二正規化之後，其實「課程資料表」還存在以下三種異常現象，亦即新增、修改或刪除資料時的異常狀況，說明如下。

一、新增異常（Insert Anomaly）

紀錄	課程代碼	課程名稱	學分數	必選修	老師編號	老師姓名
#1	C001	程式語言	4	必	T001	李安
#2	C002	網頁設計	3	選	T002	張三
#3	C003	計　概	2	必	T003	李四
#4	C005	網路教學	4	選	T005	王五

例如：鍵入#5筆紀錄，如下所示：

無法新增

紀錄	課程代碼	課程名稱	學分數	必選修	老師編號	老師姓名
#5	NULL				T004	李白

❖圖3-27 新增異常

圖3-27中無法先新增老師資料，要等確定課程代碼之後，才能輸入。原因為：新增動作違反「實體完整性規則」，因為主鍵或複合主鍵不可以為空值（NULL）。

二、修改異常（Update Anomaly）

假如「李安」老師開設多門課程時，則欲修改「李安」老師姓名為「李碩安」時，可能有些紀錄未修改到，造成資料的不一致現象。

紀錄	課程代碼	課程名稱	學分數	必選修	老師編號	老師姓名
#1	C001	程式語言	4	必	T001	李安→李碩安
#2	C002	網頁設計	3	選	T002	張三
#3	C003	計　概	2	必	T003	李四
#4	C005	網路教學	4	選	T005	王五
…						
#10	C010	資料結構	4	必	T001	李安→李碩安
…						
#100	C100	資料庫系統	4	必	T001	李安(未修改)

未修改到

❖圖3-28 修改異常

三、刪除異常（Delete Anomaly）

當刪除#1課程的紀錄時，同時也刪除老師編號T001。所以導致老師編號T001及老師姓名的資料也同時被刪除了。

紀錄	課程代碼	課程名稱	學分數	必選修	老師編號	老師姓名
#1	C001	程式語言	4	必	T001	李安
#2	C002	網頁設計	3	選	T002	張三
#3	C003	計　概	2	必	T003	李四
#4	C005	網路教學	4	選	T005	王五

圖3-29 刪除異常

綜合上述的三種異常現象，所以，我們必須進行第三階正規化來消除這些問題。

第三正規化的規則

如果資料表符合以下條件，我們就說這個資料表符合第三階正規化的形式（Third Normal Form；簡稱3NF）。

1. **符合2NF**。
2. **各欄位與「主鍵」之間沒有「遞移相依」的關係**。

【注意】

若要找出資料表中各欄位與「主鍵」之間的遞移相依性，最簡單的方法就是從左到右掃描資料表中各欄位有沒有「與主鍵無關的相依性」存在。

可能的情況如下：

1. 如果有存在時，則代表有「遞移相依」的關係。
2. 如果有不存在時，則代表沒有「遞移相依」的關係。

第三正規化的作法

1. 分割資料表；亦即將「遞移相依」或「間接相依」的欄位「分割」出去，再另外組成「新的資料表」。其步驟如下：

步驟1 ▶▶| 檢查是否存在「遞移相依」。

由於每一門課程都會有授課的老師，因此，「老師編號」相依於「課程代碼」。並且「老師姓名」相依於「教師編號」。因此，存在有「與主鍵無關的相依性」。亦即存在「老師姓名」與主鍵（課程代碼）無關的相依性。

∴存在遞移相依。

「老師編號」相依於「課程代碼」

紀錄	課程代碼	課程名稱	學分數	必選修	老師編號	老師姓名
#1	C001	程式語言	4	必	T001	李安
#2	C002	網頁設計	3	選	T002	張三
#3	C003	計　概	2	必	T003	李四
#4	C005	網路教學	4	選	T005	王五

老師姓名相依於老師編號
(與主鍵無關的相依性)

「老師姓名」遞移相依於「課程代碼」

❀ 圖3-30

　　上述「課程資料表」中的課程名稱、學分數、必選修、老師編號都直接相依於主鍵（課程代碼），簡單的說，這些都是課程資料的必須欄位；而老師名稱是直接相依於老師編號，然後才間接相依於課程代碼，它並不是直接相依於課程代碼，稱為「遞移相依（Transitive Dependency）」或「間接相依」。例如：當A→B, B→C，則A→C（稱為遞移相依）。因此，在「課程資料表」中存在「遞移相依」關係現象。

步驟2▶▶ 將「遞移相依」的欄位「分割」出去，再另外組成「新的資料表」。

　　　　因此，我們將「課程資料表」分割為二個資料表，並且利用外來鍵（FK）來連接二個資料表。如圖3-31所示。

	課程代碼	課程名稱	學分數	必選修	老師編號	老師姓名
#1	A001	程式語言	4	必	T001	李安
#2	A002	網頁設計	3	選	T002	張三
#3	A003	計　概	2	必	T003	李四
#4	A005	網路教學	4	選	T005	王五

第三正規化，去除遞移相依

課程資料表

課程代碼*	課程名稱	學分數	必選修	老師編號#
A001	程式語言	4	必	T001
A002	網頁設計	3	選	T002
A003	計　概	2	必	T003
A005	網路教學	4	選	T005

符合 3NF, BCNF

老師資料表

老師編號	老師姓名
T001	李安
T002	張三
T003	李四
T005	王五

符合 3NF, BCNF

❀ 圖3-31

第三正規化後的四個表格

💿 資料庫名稱：ch3-4-3(3NF).accdb

在我們完成第三正規化後，共產生了四個表格，如圖3-32所示：

學生資料表

學號	姓名	性別
001	李碩安	男
002	李碩崴	男

符合2NF, 3NF

成績資料表

學號	課程代碼	成績
001	A001	74
001	A002	93
002	A002	63
002	A003	82
002	A005	94

符合2NF, 3NF

第二正規化產生的表格

課程資料表

課程代碼	課程名稱	學分數	必選修	老師編號#
A001	程式語言	4	必	T001
A002	網頁設計	3	選	T002
A003	計概	2	必	T003
A005	網路教學	4	選	T005

符合3NF

老師資料表

老師編號	老師姓名
T001	李安
T002	張三
T003	李四
T005	王五

符合3NF

第三正規化產生的表格

✿ 圖3-32

3-4-6 BCNF正規化

是由Boyce和Codd於1974年所提出來的3NF的改良式。其條件比3NF更加嚴苛。因此，每一個符合BCNF的關聯一定也是3NF。

對於大部分資料庫來說，通常只需要執行到第三階段的正規化就足夠了。

適用時機⏭

如果資料表的「主鍵」是由「多個欄位」組成的，則必須再執行Boyce-Codd正規化。

BCNF的規則

1. 如果資料表的「主鍵」只由「單一欄位」組合而成，則符合第三階正規化的資料表，亦符合BCNF（Boyce-Codd Normal Form）正規化。
2. 如果資料表的「主鍵」由「多個欄位」組成（又稱為複合主鍵），則資料表就必須要符合以下條件，我們就說這個資料表符合BCNF（Boyce- Codd Normal Form）正規化的形式。

   (1) **符合3NF的格式。**

   (2) **「主鍵」中的各欄位不可以相依於其他非主鍵的欄位。**

檢驗「成績資料表」是否滿足BCNF規範

由於在我們完成第三正規化之後，已經分割成四個資料表，其中「成績資料表」的主鍵是由「多個欄位」組成（稱為複合主鍵）。

因此，我們利用BCNF（Boyce-Codd Normal Form）正規化的條件來檢驗「成績資料表」：

成績資料表(學號，課程代碼，成績)

學號	課程代碼	成績
001	C001	74
001	C002	93
002	C002	63
002	C003	82
002	C005	94

圖3-33

說明⏭ 「成績」欄位相依於「課程代碼」及「學號」欄位，對「課程代碼」欄位而言，並沒有相依於「成績」欄位；對「學號」欄位而言，也沒有相依於「成績」欄位。所以成績資料表是符合「Boyce-Codd正規化的形式」的資料表。

3-5 反正規化（De-normalization）

正規化只是建立資料表的原則，而非鐵律。如果過度正規化，反而導致資料存取的效率下降。因此，如果要以執行效率（查詢速度）為優先考量時，則我們還必須適當的反正規化（De-normalization）。

有時，過度的正規化反而會造成資料處理速度上的困擾。因此，當我們在進行資料庫正規化的同時，可能也必須要測試系統執行效率。當效率不理想時，必須做適當的反正規化，亦即將原來的第三階正規化降級為第二階正規化；甚至降到第一階正規化。但是，在進行反正規化的同時，可能也會造成資料重複性問題。

定義▶▶ 將原來的第三階正規化降級為第二階正規化；甚至降到第一階正規化。

使用時機▶▶ 查詢比例較大的環境。

分析▶▶ 1. **對「資料異動」觀點**

當正規化愈多層，**愈有利於資料的異動**（包括：新增、修改及刪除），因為異動時只需針對某一個較小的資料表，可以避免資料的異常現象。

2. **對「資料查詢」觀點**

當正規化愈多層，**愈不利於資料的查詢功能**，因為資料查詢時往往會合併許多個資料表，導致查詢效能降低。

因此，**「正規化理論」與「查詢合併原理」存在著相互衝突。**

範例

假設我們在進行正規化時，特別將「客戶資料表」中的「地址」分割成以下欄位：

1. 正規化關聯

客戶資料表（編號，姓名，郵遞區號）

地址明細表（**郵遞區號**、城市、路名）

優點▶▶ 可以直接從每一個欄位當作「關鍵字」來查詢。

例如▶▶ 查詢「高雄市」、或查詢「806」、或查詢「和平路」等。

適用時機▶▶ 租屋網站；可以讓使用者進行「進階」查詢。

缺點▶▶ 如果要查詢的資訊是要合併多個資料表時，將會影響執行效率。

因此，一般的作法還是讓地址「反正規化」。

2. 反正規化關聯

客戶資料表（編號，姓名，**郵遞區號**、城市、路名）

(D) 1. 您有一個包含下列資料的資料表

ProductName	Color1	Color2	Color3
Shirt	Blue	Green	Purple

您將該資料表切割為下列兩個資料表

ProductID	ProductName
4545	Shirt

ProductID	Color
4545	Blue
4545	Green
4545	Purple

此程序稱為：

(A)重組　　　　　　　　　(B)反正規化

(C)分散　　　　　　　　　(D)正規化

解析 正規化就是對一個「非正規化」的原始資料表，進行一連串的「分割」，並且分割成數個「不重複」儲存的資料表。如下圖所示：

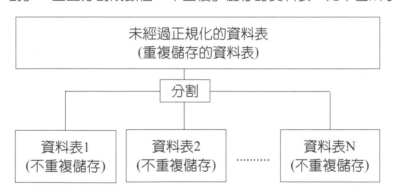

(D) 2. 第一個正規化形式要求資料庫必須排除：
  (A)複合索引鍵   (B)重複的資料列
  (C)外部索引鍵   (D)重複的群組

解析

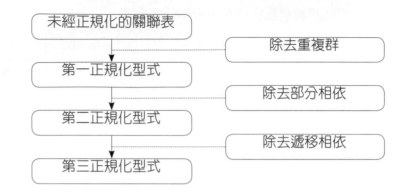

(D) 3. 執行反正規化的目的是要：
  (A)減少冗餘   (B)建立較小的資料表
  (C)消除重複的群組   (D)改善查詢效能

解析 正規化只是建立資料表的原則，而非鐵律。如果過度正規化，反而導致資料存取的效率下降。因此，如果要以執行效率（查詢速度）為優先考量時，則我們還必須適當的反正規化。

分析：

1. 對「資料異動」觀點

 當正規化愈多層，愈有利於資料的異動（包括：新增、修改及刪除），因為異動時只需針對某一個較小的資料表，可以避免資料的異常現象。

2. 對「資料查詢」觀點

 當正規化愈多層，愈不利於資料的查詢功能，因為資料查詢時往往會合併許多個資料表，導致查詢效能降低。

 因此，「正規化理論」與「查詢合併原理」是存在相互衝突的。

(D) 4. 下列資料的資料表

ProductID	ProductCategory
32	books
25	books
6	movis
89	movis

哪一個資料庫詞彙用來描述ProductID和ProductCategory之間的關係？

(A)關聯性相依　　　　　　　　(B)複合式(compositional)

(C)決定性(deterministic)　　　　(D)功能上相依

解析 在完成第三階的資料表中，已經除去「部分功能相依」及「遞移功能相依」。「ProductCategory」欄位會功能相依於「ProductID」欄位。

NOTE

CHAPTER 4

MTA Certification

SQL之資料定義語言

本章學習目標

1. 讓讀者瞭解結構化查詢語言SQL所提供的三種語言
   （DDL、DML、DCL）。
2. 讓讀者瞭解資料定義語言（DDL）的撰寫。

本章內容

4-1 SQL語言簡介

4-2 SQL提供三種語言

4-3 SQL的DDL語言

4-1 SQL語言簡介

定義 ▶▶ SQL（Structured Query Language；結構化查詢語言）

它是一種與「資料庫」溝通的共通語言；同時，它也是為「資料庫處理」而設計的第四代「非程序性」查詢語言。

唸法 ▶▶ 一般而言，它有兩種不同的唸法：

1. 三個字母獨立唸出來S-Q-L。

2. 唸成sequel（音似「西擴」）。

制定標準機構 ▶▶

目前，SQL語言已經被美國標準局（ANSI）與國際標準組織（ISO）制定為SQL標準，因此，目前各家資料庫廠商都必須要符合此標準。

目前使用標準 ▶▶

ANSI SQL92（1992年制定的版本）。

4-2 SQL提供三種語言

一般而言，用來處理資料庫的語言稱為資料庫語言（SQL）。資料庫語言大致上具備了三項功能：

1. 資料「定義」語言（Data Definition Language; DDL）

2. 資料「操作」語言（Data Manipulation Language; DML）

3. 資料「控制」語言（Data Control Language; DCL）

以上三種語言在整個「資料庫設計」中所扮演的角色，如下圖所示：

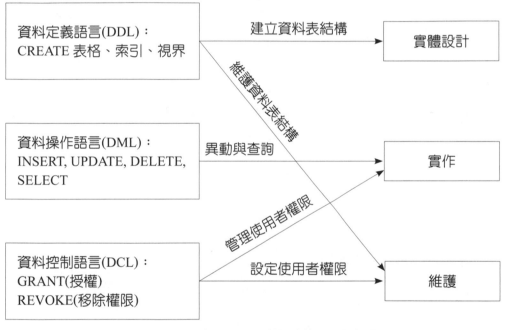

❖圖4-1 SQL之三種語言所扮演的角色關係圖

說明▶▶ 1. 第一種為**資料定義語言**（Data Definition Language；**DDL**）

→ 用來「定義」資料庫的結構、欄位型態及長度。

2. 第二種為**資料操作語言**（Data Manipulation Language；**DML**）

→ 用來「操作」資料庫的新增資料、修改資料、刪除資料、查詢資料等功能。

3. 第三種為**資料控制語言**（Data Control Language；**DCL**）

→ 用來「控制」使用者對「資料庫內容」的存取權利。

因此，SQL語言透過DDL、DML及DCL來建立各種複雜的表格關聯，成為一個查詢資料庫的標準語言。

4-3 SQL的DDL語言

定義 資料定義語言（Data Definition Language；DDL）

利用DDL，使用者可以定義資料表（關聯綱目；基底資料表）和設定完整性限制。同時，DDL允許資料庫使用者建立、更改或刪除資料庫物件（含資料表（Table）、索引（Index）與檢視（View））。主要指令有三：Create、Alter與Drop。如表4-1所示。

表4-1 DDL語言提供的三種指令表

常用		
Database	Table	View
(1) Create Database (2) Alter Database (3) Drop Database	(1) Create Table (2) Alter Table (3) Drop Table	(1) Create View (2) Alter View (3) Drop View
進階		
Procedure(Proc)	Trigger	Index
(1) Create Proc (2) Alter Proc (3) Drop Proc	(1) Create Trigger (2) Alter Trigger (3) Drop Trigger	(1) Create Index (2) Alter Index (3) Drop Index

一、Create Database基本語法

語法

```
Create Database database_name
[ ON
  [ PRIMARY ]
 [Name= logical_file_name, FileName={file_path_name }
[,Size= size [ KB | MB | GB | TB ]]
[,MaxSize={ MaxSize [ KB | MB | GB | TB ]| Unlimited] }
[,FileGrowth= growth_increment [ KB | MB | GB | TB | % ]]
 ]
```

說明▶▶ database_name：資料庫名稱

PRIMARY：主要資料檔

logical_file_name：邏輯檔案名稱

file_path_name：實體資料庫名稱及路徑

Size：設定初始檔案大小

MaxSize：限制檔案最大值

FileGrowth：設定自動成長大小

範例 1 　利用Create來建立「選課系統資料庫」。

```
Create Database 選課系統資料庫
```

說明▶▶ 當命令被順利完成時，則SQL Server會自動產生兩個檔案：

1. 資料檔案

它是以「資料庫名稱_Data.mdf」來命名，其目的是用來儲存資料庫本身的資料。例如：選課系統資料庫_Data.mdf。

2. 交易記錄檔

它是以「資料庫名稱_Log.ldf」來命名，其目的是用來儲存資料庫交易記錄。例如：選課系統資料庫_Log.ldf。

註：當我們沒有指定資料庫的儲存路徑時，則預設路徑為：

C:\Program Files\Microsoft SQL Server\MSSQL10_50.SQLEXPRESS\
MSSQL\DATA

範例 2

利用Create來建立「校務系統資料庫」，並且將實體資料庫檔案儲存到C:\中，初始大小設定為100MB，限制檔案大小為300MB，及自動成長為10%。

```
Create Database 校務系統資料庫
On Primary
(Name=校務系統資料庫,
FileName='C:\校務系統資料庫.mdf',
Size=100MB,
MaxSize=300MB,
FileGrowth=10%)
```

二、Alter Database基本語法

語法▶▶

```
Alter Database old_database_name
 MODIFY Name=new_database_name
```

註：常用的功能之語法如上，其餘引數可暫時省略，讀者如果有需要，可以
　　參考Microsoft官方網站。

範例 1 利用Alter來修改「校務系統資料庫」，名稱為MyDB。

```
Alter Database 校務系統資料庫
Modify Name=MyDB
```

範例 2 利用Alter來擴充「校務系統資料庫」為1GB。

```
Alter Database 校務系統資料庫
MODIFY file(name=校務系統資料庫,maxsize=1GB)
```

三、Drop Database基本語法

語法▶▶

```
Drop Database database_name
```

註：常用功能之語法如上，其餘引數可暫時省略，讀者如果有需要，可以參
　　考Microsoft官方網站。

範例 利用Drop來刪除「校務系統資料庫」。

```
Drop  Database 校務系統資料庫
```

4-3-1 CREATE TABLE（建立資料表）

定義 ▶▶ CREATE TABLE命令是用來讓使用者定義一個新的關聯表，並設定關聯表的名稱、屬性及限制條件。

建立新資料表的步驟 ▶▶

1. 決定資料表名稱與相關欄位。

2. 決定欄位的資料型態。

3. 決定欄位的限制（指定值域）。

4. 決定可以為NULL（空值）與不可NULL的欄位。

5. 找出必須具有唯一值的欄位（主鍵）。

6. 找出主鍵－外來鍵配對（兩個表格）。

7. 決定預設值（欄位值的初值設定）。

格式 ▶▶

```
CREATE TABLE 資料表
(欄位{資料型態|定義域}[NULL|NOT NULL][預設值][定義整合限制]
        ⋮
        ⋮
PRIMARY KEY(欄位集合)  ←當主鍵
UNIQUE(欄位集合)  ←當候選鍵
FOREIGN KEY(欄位集合) REFERENCES 基本表(屬性集合)  ←當外鍵
   [ON DELETE 選項] [ON UPDATE 選項]
CHECK(檢查條件))
```

符號說明 ▶▶

{ | } 代表在大括號內的項目是必要項，但可以擇一。

[ ]　代表在中括號內的項目是非必要項，依實際情況來選擇。

關鍵字說明 ▶▶

1. PRIMARY KEY　用來定義某一欄位為**主鍵，不可為空值**。

2. UNIQUE　用來定義某一欄位具有**唯一的索引值，可以為空值**。

3. NULL/NOT NULL　可以為**空值／不可為空值**。

4. FOREIGN KEY　用來定義某一欄位為**外來鍵**。

5. CHECK　用來檢查的**額外條件**。

範例▶▶　請利用Create Table來建立「學生選課系統」的關聯式資料庫，其相關的資料表有三個，如圖4-2所示。

學生表(學號，姓名，系碼)

選課表(學號，課號，成績)

課程表(課號，課名，學分數，必選修)

❖圖4-2

分析1▶▶　**辨別「父關聯表」與「子關聯表」。**

在利用Create Table來建立資料表時，必須要先了解哪些資料表是屬於**父關聯表**（一對多，一的那方；亦即箭頭被指的方向）與**子關聯表**（一對多，多的那方）。

例如：圖4-2中的「學生表」與「課程表」都屬於「父關聯表」。

分析2▶▶　**先建立「父關聯表」之後，再建立「子關聯表」。**

例如：圖4-2中的「選課表」屬於「子關聯表」。

1. 先建立「父關聯表」

建立「學生表」
use ch4_DB CREATE TABLE 學生表 (學號　CHAR(8) , 　姓名　CHAR(4) NOT NULL, 　電話　CHAR(12), 　地址　CHAR(20), 　PRIMARY　KEY(學號), 　UNIQUE(電話), 　CHECK(電話 IS NOT NULL OR 地址 IS NOT NULL))

執行結果：

LEECHA3.ch6_DB - dbo.學生表		
資料行名稱	資料類型	允許 Null
🔑 學號	char(8)	☐
姓名	char(4)	☐
電話	char(12)	☑
地址	char(20)	☑

❖圖4-3

建立「課程表」

```
use ch4_DB
CREATE TABLE 課程表
(課號  CHAR(5),
 課名  CHAR(20) NOT NULL,
 學分數  INT DEFAULT 3,
 必選修  CHAR(2),
 PRIMARY KEY(課號))
```

執行結果：

LEECHA3.ch6_DB - dbo.課程表		
資料行名稱	資料類型	允許 Null
🔑 課號	char(5)	☐
課名	char(20)	☐
學分數	int	☑
必選修	char(2)	☑

❊ 圖4-4

2. 再建立「子關聯表」

建立「選課表」

```
use ch4_DB
CREATE TABLE 選課表
( 學號  CHAR(8),
 課號  CHAR(5),
 成績  INT NOT NULL,
 選課日期 DATETIME Default(getdate()),
 PRIMARY KEY(學號,課號),
 FOREIGN KEY(學號) REFERENCES 學生表(學號)
 ON UPDATE CASCADE
 ON DELETE CASCADE,
 FOREIGN KEY(課號) REFERENCES 課程表(課號),
 CHECK(成績>=0 AND 成績<=100)
 )
```

執行結果：

LEECHA3.ch6_DB - dbo.選課表		
資料行名稱	資料類型	允許 Null
▶🔑 學號	char(8)	☐
🔑 課號	char(5)	☐
成績	int	☐
選課日期	datetime	☑

� 圖4-5

說明▶▶ 1. 「選課表」的學號參考「學生表」的學號，如果加入選項ON UPDATE CASCADE與ON DELETE CASCADE，則代表當「學生表」的資料更新與刪除時，「選課表」中被對應的記錄也會一併被異動。

2. 「選課表」的課號雖然參考「課程表」的課號，但是沒有加入選項ON UPDATE CASCADE與ON DELETE CASCADE，因此，「課程表」中有被「選課表」參考時，則無法進行更新與刪除動作。

範例▶▶ 查詢三個資料表的關聯圖。

在我們完成以上三個資料表的建立之後，接下來，利用「新增資料庫圖表」的功能來「加入」以上三個資料表，此時，您是否發現，資料庫的關聯圖已自動建立完成。

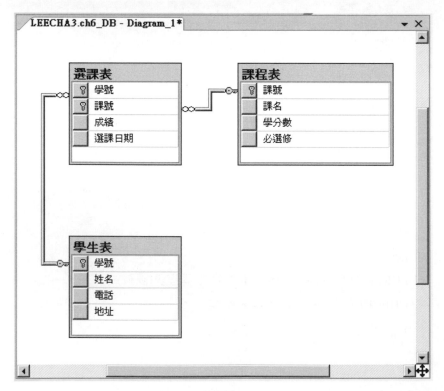

✦ 圖4-6

4-3-2 ALTER TABLE（修改資料表）

定義▶▶ ALTER TABLE命令是用來對已存在的資料表增加欄位、修改欄位、刪除欄位，並且增加定義、修改定義或刪除定義等。

格式▶▶

```
ALTER TABLE 基本表
[ALTER] [欄位] [資料型態] [NULL|NOT NULL ]
[RESTRICT | CASCADE]
[ADD | DROP] [限制 | 屬性]
[ADD] [欄位] {資料型態 | 定義域} [NULL|NOT NULL ]
    [預設值] [定義整合限制]
```

符號說明▶▶

{ | } 代表在大括號內的項目是必要項，但可以擇一。

[ ]   代表在中括號內的項目是非必要項，依實際情況來選擇。

範 例 1 新增「性別」欄位。

> 題目：原來的學生表中，再增加一個「性別」欄位，並且預設值為「男」。

use ch4_DB
ALTER TABLE 學生表
ADD 性別 CHAR(1) Default '男';

❖圖4-7

範 例 2　「修改」欄位定義。

題目：原來的學生表中，「地址」之資料型態「大小」20→50，並且不能為空。
use ch4_DB ALTER　TABLE 學生表 ALTER COLUMN 地址 CHAR(50) NOT NULL

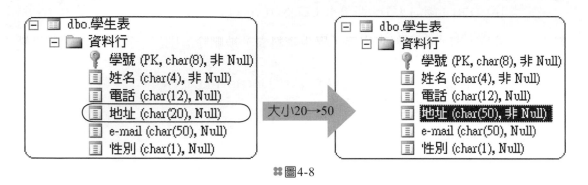

❈圖4-8

範 例 3　「刪除」欄位定義。

題目：原來的學生表中，刪除一個e-mail欄位。
use ch4_DB ALTER　TABLE 學生表 DROP　COLUMN [e-mail]

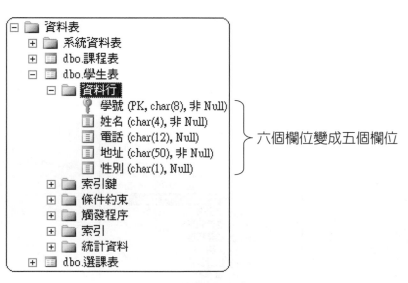

❈圖4-9

4-3-3　DROP TABLE（刪除資料表）

DROP TABLE是用來刪除資料表定義。當然，如果一個資料表內還有剩餘的紀錄，則這些紀錄會一併被刪除，因為如果資料表定義被刪除，則資料表的紀錄就沒有存在的意義了。

當資料表與資料表之間可能存在參考關係，比如「選課資料表」參考到「學生資料表」，這時，若一個資料表定義（學生資料表）被刪除，則另一資料表（選課資料表）中參考到該資料表的部分就變成沒有意義了。

格式 ▶▶

DROP TABLE 資料表名稱

分析 ▶▶　DROP TABLE 學生表;

表示在「學生表」沒被其他《子關聯表》參考時，才可被刪除。

(C) 1. 若要新增、移除及修改資料庫結構,應該使用哪個類別的SQL陳述式?
   (A)資料存取語言(DAL)　　　　　(B)資料控制語言(DCL)
   (C)資料定義語言(DDL)　　　　　(D)資料操作語言(DML)

解析 SQL語言提供三種語言:

1. 第一種為資料定義語言(Data Definition Language; DDL)

   →用來「定義」資料庫的結構、欄位型態及長度。

2. 第二種為資料操作語言(Data Manipulation Language; DML)

   →用來「操作」資料庫的新增資料、修改資料、刪除資料、查詢資料等功能。

3. 第三種為資料控制語言(Data Control Language; DCL)

   →用來「控制」使用者對「資料庫內容」的存取權利。

(B) 2. 您有一個名為Customer的資料表。您需要加入名為District的新資料行。您應該使用哪一個陳述式?
   (A)MODIFY TABLE Customer (District INTEGER)
   (B)ALTER TABLE Customer ADD (District INTEGER)
   (C)MODIFY TABLE Customer ADD (District INTEGER)
   (D)ALTER TABEL Customer MODIFY(District INTEGER)

解析 ALTER TABLE(修改資料表)是用來對已存在的資料表增加欄位、修改欄位、刪除欄位,並且增加定義、修改定義或刪除定義等。

【格式】

```
ALTER TABLE 基本表
[ALTER] [欄位] [資料型態] [NULL | NOT NULL]
     [RESTRICT | CASCADE]
[ADD | DROP] [限制 | 屬性]
[ADD] [欄位] {資料型態 | 定義域} [NULL | NOT NULL]
     [預設值] [定義整合限制]
```

【實作】「新增」欄位定義

題目：原來的學生表中，再增加一個e-mail欄位。
ALTER TABLE 學生表 ADD [e-mail] CHAR(50);

(A) 3. 以下哪個敘述可以擴充資料庫大小？
　　　　(A)ALTER DATABASE　　　　　　(B)DATABASE RESIZE
　　　　(C)RESIZE DATABASE　　　　　　(D)ALTER DATABASE SIZE

解析 Alter Database 基本語法：

Use TestDB
Alter Database TestDB
MODIFY file(name=TestDB, maxsize=1GB)

(B) 4. 假設有一個資料庫Employee已不再需要使用，並想將該資料庫刪除。請問以下哪個預存程序可以將他刪除？

(A)DBCC DROPDATABASE Employee　　(B)DROP DATABASE Employee
(C)DELETE DATABASE Employee

解析 DDL語言提供的三種指令表

Database	Table	View
(1) Create Database	(1) Create Table	(1) Create View
(2) Alter Database	(2) Alter Table	(2) Alter View
(3) Drop Database	(3) Drop Table	(3) Drop View

[Drop Database基本語法]

Drop Database database_name

【舉例】利用Drop來刪除「校務系統資料庫」

Drop Database 校務系統資料庫

(A) 5. 哪個關鍵字可在CREATE TABLE陳述式中使用？

(A)UNIQUE　　　　　　　(B)DISTINCT
(C)GROUP BY　　　　　　(D)ORDER BY

解析 CREATE TABLE（建立資料表）是用來讓使用者定義一個新的關聯（資料表），並設定關聯（表格）的名稱、屬性及限制條件。

【格式】

Create Table資料表
(欄位{資料型態｜定義域}[NULL｜NOT NULL][預設值][定義整合限制])
Primary Key(欄位集合)←當主鍵
Unique(欄位集合)←當候選鍵
Foreign Key(欄位集合) References 基本表(屬性集合)←當外鍵
[ON Delete 選項] [ON Update 選項]
Check(檢查條件))

【實例】建立「學生表」

建立「學生表」
CREATE TABLE 學生表 (學號　CHAR(8), 　姓名　CHAR(4) NOT NULL, 　電話　CHAR(12), 　PRIMARY　KEY(學號), 　UNIQUE(電話))

(D) 6. SQL的CREATE指令可用來建立：

(A)DATABASE、TABLE　　　　(B)PROCEDURE、TRIGGER

(C)INDEX、VIEW　　　　　　(D)以上皆是

解析　DDL語言提供的三種指令表(常用)

Database	Table	View
(1) Create Database (2) Alter Database (3) Drop Database	(1) Create Table (2) Alter Table (3) Drop Table	(1) Create View (2) Alter View (3) Drop View

DDL語言提供的三種指令表(進階使用)

Procedure(Proc)	Trigger	Index
(1) Create Proc (2) Alter Proc (3) Drop Proc	(1) Create Trigger (2) Alter Trigger (3) Drop Trigger	(1) Create Index (2) Alter Index (3) Drop Index

(B) 7. 在建立使用者自訂的資料型態時，可以使用哪些屬性？

    (A)長度、text、real、nvarchar、允許空值

    (B)基本資料型態、長度、允許空值、預設值、規則

    (C)char、int、numeric、text、預設值、規則

    (D)nchar、ntext、vnarchar、長度、允許空值

解析

Create Table 資料表

(欄位{資料型態｜定義域}[NULL｜NOT NULL][預設值][定義整合限制]

         ⋮

         ⋮

Primary Key(欄位集合) ←當主鍵

Unique(欄位集合) ←當候選鍵

Foreign Key(欄位集合)　References 基本表(屬性集合) ←當外鍵

[ON Delete 選項] [ON Update 選項]

Check(檢查條件))

【實例】建立「學生表」

建立「學生表」
CREATE TABLE 學生表 (學號 CHAR(8), 姓名 CHAR(4) NOT NULL)

(C) 8. 下列哪種方法可以確保表格內某個欄位的值是唯一的？

    (A)關掉重複功能   (B)加入實體完整性

    (C)加入UNIQUE限制   (D)加入一個具有No Duplicate性質的欄位

解析 1. PRIMARY KEY　用來定義某一欄位為主鍵，不可為空值。

       2. UNIQUE　用來定義某一欄位具有唯一的索引值，可以為空值。

(C) 9. UNIQUE可限制使用者，無法輸入重複的資料欄位值，請問在一個表格中，可以定義幾個UNIQUE限制？

     (A)只有一個　　　　　　　　　(B)2個

     (C)一個以上　　　　　　　　　(D)最多16個

解析 1. 在一個資料表中只能有一個主鍵（PRIMARY KEY）。例如：下表中的「學號」。

     2. 在一個資料表中可以有多個UNIQUE（唯一的索引值）。例如：下表中的「電話」與「地址」。

	學號	姓名	電話	地址
#1	S0001	一心	1234567	高雄市
#2	S0002	二聖	2345678	台南市
#3	S0003	三多	3456789	台中市
#4	S0004	四維	4567890	新北市
#5	S0005	五福	5678901	台北市

(A) 10.若要將資料行加入至現有的資料表，應該使用哪個命令？

     (A)ALTER　　　　　　　　　(B)CHANGE

     (C)INSERT　　　　　　　　　(D)MODIFY

     (E)UPDATE

解析 資料行是指「欄位名稱」。因此，要將資料行加入至現有的資料表，就必須要使用到資料定義語言（DDL）中的ALTER命令來進行。

Database	Table	View
(1) Create Database	(1) Create Table	(1) Create View
(2) Alter Database	(2) Alter Table	(2) Alter View
(3) Drop Database	(3) Drop Table	(3) Drop View

(A,C) 11.以下哪些表格限制可以避免輸入重複的資料列？（請選擇兩個答案）

(A)PRIMARY KEY　　　　　(B)NULL

(C)FOREIGNKEY　　　　　(D)UNIQUE

解析 1. PRIMARY KEY：用來定義某一欄位為主鍵，不可為重複及空值。

2. UNIQUE：用來定義某一欄位具有唯一的索引值，不可為重複，但可以為空值。

(B) 12.「點陣圖」、「B型樹狀結構」與「雜湊」等詞彙指的是哪種類型的資料庫結構？

(A)函式　　　　　　　　(B)索引

(C)預存程序　　　　　　(D)觸發程序

(E)檢視

解析 目前在SQL Server資料庫中的「索引」結構都是以「B型樹狀結構」目錄來儲存。

(D) 13.加入索引的原因之一是要：

(A)減少所使用的儲存空間　　(B)增加資料庫的安全性

(C)改善INSERT陳述式的效能　(D)改善SELECT陳述式的效能

解析 在資料表中設定某一個欄位為「主索引」時，其主要的目的除了避免重複之外，就是提高查詢的效能。例如：書籍的目錄索引或圖書館之圖書的分類索引。

(A) 14.若要移除外部索引鍵，應該使用哪個陳述式？

(A)ALTER TABLE　　　　　(B)DELETE TABLE

(C)ALTER FOREING KEY　　(D)DELETE FOREING KEY

解析 當要修改資料表中的結構時，就必須要使用DDL中的ALTER TABLE指令來完成。

```
Use TestDB
ALTER TABLE 選課表
DROP CONSTRAINT FK__選課表__課號__1BFD2C07
```

(A) 15.哪一個陳述式的執行結果是建立索引？

(A)CREATE TABLE Employee

　　{ EmployeeID　INTEGER　PRIMARY KEY}

(B)CREATE TABLE Employee

　　{ EmployeeID　INTEGER　INDEX}

(C)CREATE TABLE Employee

　　{ EmployeeID　INTEGER　NULL}

(D)CREATE TABLE Employee

　　{ EmployeeID　INTEGER　DISTINCT}

解析

Create Table 資料表

{欄位 資料型態 Primary Key}

(A) 16.哪個陳述式會建立複合索引鍵?

(A)CREATE TABLE Order
   (OrderID INTEGER,OrderItemID INTEGER,PRIMARY
   KEY(OrderID,OrderItemID))

(B)CREATE TABLE Order
   (OrderID INTEGER PRIMARY KEY,OrderItemID INTEGER
   PRIMARY KEY)

(C)CREATE TABLE Order
   (OrderID INTEGER,OrderItemID INTEGER,PRIMARY KEY)

(D)CREATE TABLE Order
   (OrderID INTEGER,OrderItemID INTEGER,PRIMARY KEY
   OrderID,PRIMARY KEY OrderItemID)

解析 複合索引鍵:是指資料表中的主鍵,它是由兩個或兩個欄位以上所組成。

建立「學生表」

CREATE TABLE 學生表
(學號 CHAR(8),
 姓名 CHAR(4) NOT NULL,
 PRIMARY KEY(學號)
)

建立「課程表」

CREATE TABLE 課程表
(課號 CHAR(5),
 課名 CHAR(20) NOT NULL,
 學分數 INT DEFAULT 3
 PRIMARY KEY(課號))

建立「選課表」

CREATE TABLE 選課表
(學號 CHAR(8),
 課號 CHAR(5),
 PRIMARY KEY(學號,課號),
)

(A) 17.哪個類型的索引會變更資料在資料表中的儲存順序？
　　(A)叢集索引　　　　　　　　(B)非叢集索引
　　(C)非循序索引　　　　　　　(D)循序索引

解析　SQL Server的索引種類：

1. 叢集索引：只能有一個叢集索引。叢集索引是將「資料」與「索引」儲存在一起，且資料是經過排序，速度較快。

2. 非叢集索引：可以有多個非叢集索引。非叢集索引是將「資料」與「索引」分開儲存，類似指標的概念，且資料可能未經排序。

座號	姓名	成績
1	一心	80
3	三多	85
5	五福	60
7	七賢	90

1. 有設定「叢集索引」

   若將「座號」欄位設定為「叢集索引」時，則此資料表會依「座號」欄位大小來排序。因此，當新增一筆紀錄（座號=2，姓名=二聖，成績=100）時，則此筆紀錄會被插入到「座號1與3」之間。

2. 未設定「叢集索引」

   若「座號」欄位沒有設定為「叢集索引」時，新增一筆紀錄會自動加入到紀錄的最後一筆。

(D) 18.您在包含資料的資料表上建立索引。資料庫中的結果是什麼？

    (A)會有更多資料列加入至該被索引的資料表

    (B)會有更多資料行加入至該被索引的資料表

    (C)會建立個別的結構，其中包含來自該被索引資料表的資料

    (D)會建立個別的結構，其中不包含來自該被索引資料表的資料

解析

(B) 19.請問一個表格最多可以建立多少個叢集索引？

    (A)16個   (B)1個

    (C)沒有限制   (D)表格中每個欄位最多可以建立一個

解析   SQL Server的索引種類：

    1. 叢集索引：只能有一個叢集索引。

    2. 非叢集索引：可以有多個非叢集索引。

(B) 20.下列敘述何者可以在student表格上建立一個複合鍵索引？

(A)CREATE INDEX ind_name ON student

(B)CREATE INDEX ind_name ON student(first_name，last_name)

(C)CREATE INDEX ind_name ON student=first_name，last_name

(D)CREATE INDEX ind_name ON student. first_name，last_name

解析 複合鍵索引（Composite index）：是指資料表中的主鍵，它是由兩個或兩個欄位以上所組成的索引。

CREATE INDEX 語法

```
CREATE INDEX index_name
ON table_name (column_name);
```

您也可以建立多欄位索引

```
CREATE INDEX index_name
ON table_name (column_name1, column_name2•••);
```

(C) 21.假設有一個不常更新的表格（資料大約20,000筆），但經常被使用其中兩個欄位的組合來搜尋資料，請問下列何種索引可以提高此表格的查詢速率？

(A)一個非叢集索引　　　　　(B)一個複合的非叢集索引

(C)一個叢集的複合索引　　　(D)一個唯一複合索引

解析 1. 叢集的複合索引

利用CREATE TABLE建立資料表時，將「兩個欄位」設定為PRIMARY KEY的複合索引，系統會自動產生一個叢集的唯一性索引。

2. 唯一性索引（Unique Index）

以CREATE TABLE建立資料表，將欄位定義成UNIQUE唯一值的條件約束，系統會自動產生一個非叢集的唯一性索引，以確保此欄位資料的唯一性，且系統會替它自動建立唯一性索引。

NOTE

CHAPTER 5

MTA Certification

SQL之資料操作語言

本章學習目標

讓讀者瞭解SQL之資料操作語言（DML）所提供的四種基本指令：

1. INSERT（新增）
2. UPDATE（修改）
3. DELETE（刪除）
4. SELECT（查詢）

本章內容

5-1 SQL的DML指令介紹

　　利用**資料操作語言**（Data Manipulation Language；DML），使用者可以對資料表進行紀錄的新增、修改、刪除及查詢等功能。

　　DML有四種基本指令：

1. INSERT（新增）

2. UPDATE（修改）

3. DELETE（刪除）

4. SELECT（查詢）

5-2

INSERT（新增記錄）指令

定義▸▸ 指新增一筆紀錄到新的資料表內。

格式▸▸

> INSERT INTO 資料表名稱 <欄位串列>
>
> VALUES(<欄位值串列> | <SELECT指令>)

範例 1　未指定欄位串列的新增

（但是欲新增資料值必須能夠配合欄位型態及個數。）

假設現在新增「學號」為'S0001'，「姓名」為'張三'，「系碼」為'D001'的記錄到「學生表」中。

解答▸▸ 撰寫SQL指令

「新增記錄」INSERT
use ch5_DB INSERT INTO 學生表 VALUES ('S0001', '張三','D001');

執行結果▸▸

LEECHA3.ch06_DBMS1 - dbo.學生表

	學號	姓名	系碼
	S0001	張三	D001

✂圖5-1

注意：如果相同的資料再新增一次時，則會產生錯誤，因為主鍵不可以重複。

> 訊息
>
> 訊息 2627，層級 14，狀態 1，行 2
> 違反 PRIMARY KEY 條件約束 'PK__學生表__1CC084FD03317E3D'。無法在物件 'dbo.學生表'
> 中插入重複的索引鍵。|
> 陳述式已經結束。

✂圖5-2

範例 2　指定欄位串列的新增

欲新增資料值個數可以自行指定，不一定要與定義的欄位個數相同。假設現在新增「產品代號」為D002，「品名」為桌球皮的紀錄到產品資料表中。

SQL指令
INSERT INTO 產品資料表(產品代號 , 品名)   VALUES('D002', '桌球皮')

產品資料表

	產品代號	品名	單價
#1	C001	羽球拍	3000
#2	B004	桌球鞋	2300
#3	A005	桌球衣	1200
#4	D002	桌球皮	NULL

註：未指定對映的屬性，會被設定為DEFAULT值或NULL值，如「產品資料表」的單價屬性值為NULL。

❈圖5-3

實作1▶▶　指定欄位串列

假設現在新增「學號」為'S0002'，「姓名」為'李四'的記錄到學生表中。

解答▶▶　撰寫SQL指令

「新增記錄」INSERT
use ch5_DB   INSERT INTO 學生表(學號,姓名)   VALUES ('S0002', '李四');

執行結果▶▶

	學號	姓名	系碼
1	S0001	張三	D001
2	S0002	李四	NULL

❈圖5-4

實作2 同時新增多筆不同記錄

假設現在有三筆資料要進行新增動作，資料如下：

學號：S0003　姓名：王五　系碼：D002

學號：S0004　姓名：李安　系碼：D001

學號：S0005　姓名：李崴　系碼：D006

解答 撰寫SQL指令

「新增記錄」INSERT

```
use ch5_DB
INSERT INTO 學生表
VALUES ('S0003', '王五','D002'),
       ('S0004', '李安','D001'),
       ('S0005', '李崴','D006')
```

執行結果

結果　訊息

	學號	姓名	系碼
1	S0001	張三	D001
2	S0002	李四	NULL
3	S0003	王五	D002
4	S0004	李安	D001
5	S0005	李崴	D006

圖5-5

範例 3 新增來源為另一個資料表

將羽球相關的品名從「產品資料表」中整批新增到另一個資料表中。

SQL指令
INSERT INTO 羽球產品資料表
SELECT *
FROM 產品資料表
WHERE 產品資料表.品名 LIKE '羽%'

羽球產品資料表

	產品代號	品名	單價
#1	C021	羽球衣	1200
#2	C032	羽球鞋	3200
#3	C001	桌球衣	1200

註：將查詢的結果「整批新增」到其他資料表中。

圖5-6

實作3▶▶| 新增來源為另一個資料表。

步驟一：首先再建立一個資料表。

資料表名稱：學生表OLD

```
use ch5_DB
CREATE TABLE 學生表OLD
(學號  CHAR(8) ,
 姓名  CHAR(4) NOT NULL,
 電話  CHAR(12),
 地址  CHAR(20),
 系碼  CHAR(4),
 PRIMARY  KEY(學號))
```

步驟二：再輸入10位同學的資料，如下所示：

```
use ch5_DB
INSERT INTO 學生表OLD
VALUES ('S0011','一心','1111111', '前鎮區','D001'),
      ('S0012','二聖','2222222', '苓雅區','D001'),
      ('S0013','三多','3333333', '前金區','D002'),
      ('S0014','四維','4444444', '小港區','D002'),
      ('S0015','五福','5555555', '新興區','D003'),
      ('S0016','六合','6666666', '三區區','D003'),
      ('S0017','七賢','7777777', '左營區','D004'),
      ('S0018','八德','8888888', '楠梓區','D004'),
      ('S0019','九如','9999999', '鳥松區','D005'),
      ('S0020','十全','1000000', '阿蓮區','D005')
```

執行結果 ▶▶

	學號	姓名	電話	地址	系碼
1	S0011	一心	1111111	前鎮區	D001
2	S0012	二聖	2222222	苓雅區	D001
3	S0013	三多	3333333	前金區	D002
4	S0014	四維	4444444	小港區	D002
5	S0015	五福	5555555	新興區	D003
6	S0016	六合	6666666	三區區	D003
7	S0017	七賢	7777777	左營區	D004
8	S0018	八德	8888888	楠梓區	D004
9	S0019	九如	9999999	鳥松區	D005
10	S0020	十全	1000000	阿蓮區	D005

❈ 圖5-7

步驟三：將「學生表OLD」資料表中「系碼」為D005的資料新增到「學生表」中。

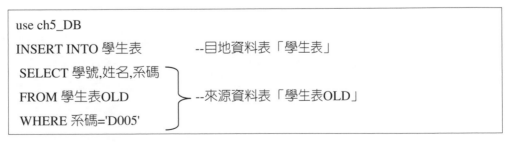

學生表OLD

	學號	姓名	電話	地址	系碼
1	S0011	一心	1111111	前鎮區	D001
2	S0012	二聖	2222222	苓雅區	D001
3	S0013	三多	3333333	前金區	D002
4	S0014	四維	4444444	小港區	D002
5	S0015	五福	5555555	新興區	D003
6	S0016	六合	6666666	三民區	D003
7	S0017	七賢	7777777	左營區	D004
8	S0018	八德	8888888	楠梓區	D004
9	S0019	九如	9999999	鳥松區	D005
10	S0020	十全	1000000	阿蓮區	D005

新增 →

學生表

	學號	姓名	系碼
1	S0001	張三	D001
2	S0002	李四	NULL
3	S0003	王五	D002
4	S0004	李安	D001
5	S0005	李崴	D006
6	S0019	九如	D005
7	S0020	十全	D005

❈ 圖5-8

5-3 UPDATE（修改記錄）指令

定義 指修改一個資料表中某些值組（紀錄）之屬性值。

格式

```
UPDATE 資料表名稱
SET {<欄位名稱1>=<欄位值1>,⋯, <欄位名稱n>=<欄位值n>}
[WHERE <條件子句>]
```

範例 條件式更新。

在「產品資料表」中，將有關桌球相關產品單價調升30%。

SQL指令

```
UPDATE 產品資料表
SET 單價 = 單價*1.3
WHERE 品名 LIKE '桌球*'
```

產品資料表

	產品代號	品名	單價
#1	C001	羽球拍	3000
#2	B004	桌球鞋	~~2300~~ → 2990
#3	A005	桌球衣	~~1200~~ → 1560
#4	D002	桌球皮	~~550~~ → 715

圖5-9

實作1 條件式更新。

請將尚未決定就讀科系的同學的「系碼」先設定為「D001」。

SQL指令

```
use ch5_DB
UPDATE dbo.學生表
SET 系碼 = 'D001'
WHERE 系碼 IS NULL
```

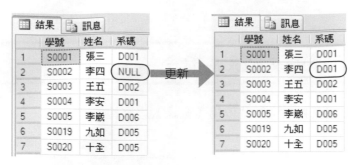

✿圖5-10

實作2▶▶ 同時更新多個欄位資料。

請在「課程表」中將「資料結構」的學分數改為「4」，並且將「必選修」改為「必」。

SQL指令
use ch5_DB UPDATE 課程表 SET 學分數='4',必選修='必' WHERE 課名='資料結構'

註：在更新資料之前，先來新增以下七筆記錄。

```
use ch5_DB
INSERT INTO 課程表
VALUES ('C001','程式設計','4', '必'),
    ('C002','資料庫','4', '必'),
    ('C003','資料結構','3', '選'),
    ('C004','系統分析','4', '必'),
    ('C005','計算機概論','3', '選'),
    ('C006','數位學習','3', '選'),
    ('C007','知識管理','3', '選')
```

❈圖5-11

實作3▸▸ 更新為空值NULL

請在「學生表」中將「系碼」為D006的值設定為NULL。

SQL指令
use ch5_DB
UPDATE 學生表
SET 系碼=NULL
WHERE 系碼='D006'

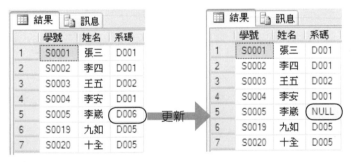

❈圖5-12

實作4▸▸ 利用運算式更新

請在「選課表」中將「成績」低於70分者，調高20%。

SQL指令
use ch5_DB
UPDATE 選課表
SET 成績=成績*1.2
WHERE 成績<70

註：在更新資料之前，先來新增以下五筆記錄。

```
use ch5_DB
INSERT INTO 選課表(學號,課號,成績)
VALUES ('S0001','C001','67'),
       ('S0001','C002','85'),
       ('S0001','C003','100'),
       ('S0002','C004','89'),
       ('S0003','C002','90')
```

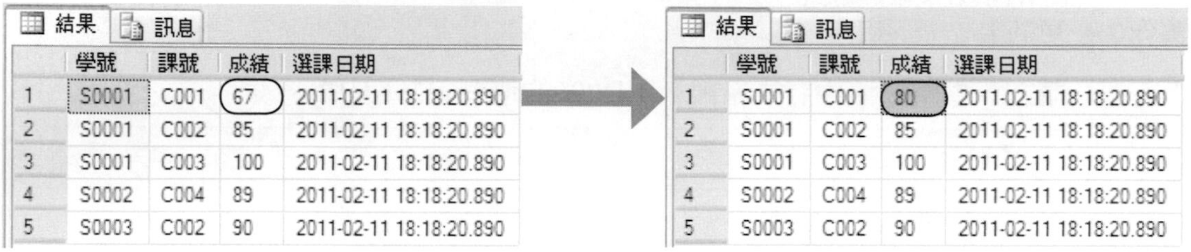

	學號	課號	成績	選課日期
1	S0001	C001	67	2011-02-11 18:18:20.890
2	S0001	C002	85	2011-02-11 18:18:20.890
3	S0001	C003	100	2011-02-11 18:18:20.890
4	S0002	C004	89	2011-02-11 18:18:20.890
5	S0003	C002	90	2011-02-11 18:18:20.890

	學號	課號	成績	選課日期
1	S0001	C001	80	2011-02-11 18:18:20.890
2	S0001	C002	85	2011-02-11 18:18:20.890
3	S0001	C003	100	2011-02-11 18:18:20.890
4	S0002	C004	89	2011-02-11 18:18:20.890
5	S0003	C002	90	2011-02-11 18:18:20.890

圖5-13

5-4

DELETE（刪除記錄）指令

定義 ▸▸ 把合乎條件的值組（紀錄），從資料表中刪除。

格式 ▸▸

> DELETE FROM 資料表名稱
> [WHERE <條件式>]

範 例

將尚未決定單價的產品紀錄刪除。

SQL指令
DELETE FROM 產品資料表 WHERE 單價 IS NULL

產品資料表

	產品代號	品名	單價
#1	C001	羽球拍	3000
#2	B004	桌球鞋	2300
#3	A005	桌球衣	1200
#4	~~D002~~	~~桌球皮~~	~~NULL~~

產品資料表

	產品代號	品名	單價
#1	C001	羽球拍	3000
#2	B004	桌球鞋	2300
#3	A005	桌球衣	1200

✖ 圖5-14

實作▶▶ 請刪除系碼為「D005」的學生記錄。

SQL指令
use ch5_DB
DELETE
FROM 學生表
WHERE 系碼='D005'

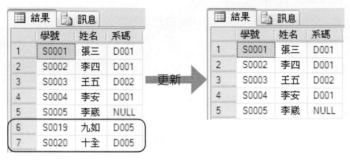

❈圖5-15

5-5

SELECT指令簡介

定義▶▶ 是指用來過濾資料表中符合條件的資料。

格式▶▶

```
SELECT [DISTINCT] <欄位串列>
FROM (資料表名稱 {<別名>} | JOIN資料表名稱)
[WHERE <條件式>]
[GROUP BY <群組欄位> ]
[HAVING <群組條件>]
[ORDER BY <欄位> [ASC | DESC]]
```

範例▶▶ 請顯示下列「產品資料表」中所有產品紀錄。

產品資料表

	產品代號	品名	單價
#1	C001	羽球拍	3000
#2	B004	桌球鞋	2990
#3	A005	桌球衣	1560
#4	D002	桌球皮	715

❈圖5-16

解答▶▶

```
SELECT *
FROM 產品資料表
```

執行結果▶▶

	產品代號	品名	單價
#1	C001	羽球拍	3000
#2	B004	桌球鞋	2990
#3	A005	桌球衣	1560
#4	D002	桌球皮	715

❈圖5-17

註：由於SELECT指令較常用且較複雜，因此，筆者會在第6章詳細介紹。

(D) 1. SELECT指令屬於哪個類別的SQL陳述式？
   (A)資料存取語言(DAL)　　　　　(B)資料控制語言(DCL)
   (C)資料定義語言(DDL)　　　　　(D)資料操作語言(DML)

解析 資料操作語言（Data Manipulation Language; DML）可以讓使用者對資料表記錄進行新增、修改、刪除及查詢等功能。
1. INSERT（新增）
2. UPDATE（修改）
3. DELETE（刪除）
4. SELECT（查詢）

(E) 2. 您需要在Product資料表中插入兩個新產品。第一個產品命名為Book，識別碼為125。第二個產品命名為Movie，識別碼為126。您應該使用哪一個陳述式？
   (A)INSERT 125，126，`Book`，`Movie`INTO Product
   (B)INSERT NEW ID=125 AND 126，Name=`Book` AND `Movie`INTO Product
   (C)INSERT INTO ProductVALUES(ID=125，126)(Name=`Book`，`Movie`)
   (D)INSERT NEW ID=125，Name=`Book` INTO Product
   　　INSERT NEW ID=126，Name=` Movie ` INTO Product
   (E)INSERT INTO Product(ID，Name)VALUES(125，`Book`)
   　　INSERT INTO Product(ID，Name)VALUES(126，` Movie `)

解析 INSERT（新增記錄）指令。

【定義】指新增一筆記錄到新的資料表內。

【格式】

```
INSERT INTO 資料表名稱<欄位串列>
VALUES(<欄位值串列> | <SELECT指令>)
```

【實例】指定欄位串列的新增。

假設現在新增「學號」為'S0002'，「姓名」為'李四'的記錄到學生表中。

```
INSERT INTO 學生表(學號,姓名)
VALUES('S0002','李四')；
```

(B) 3. 有一個資料庫包含兩個資料表,名為Customer和Order。

您執行下列陳述式:

DELETE FROM Order

WHERE CustomerID=209結果是什麼?

(A)會從Customer資料表刪除CustomerID209

(B)會從Order資料表刪除CustomerID209的所有訂單

(C)會從Order資料表刪除CustomerID209的第一筆訂單

(D)會從Order資料表刪除CustomerID209的所有訂單,並從Customer資料表
刪除CustomerID209

解析 由於Customer是父關聯表,而Order是子關聯表,所以,當子關聯表刪除某一
筆記錄時,不會影響到父關聯表中的記錄。

【範例】

假設「學生資料表」是父關聯表,而「選課記錄表」是子關聯表,因此,當學
生「退選」全部加選的課程時,也不會影響到「學生資料表」中的記錄。

(A) 4. 哪個陳述式會刪除未輸入員工電話號碼的資料列?

(A)DELETE FROM Employee WHERE Phone IS NULL

(B)DELETE FROM Employee WHERE Phone= NULLABLE

(C)DELETE FROM Employee WHERE Phone=`&`

(D)DELETE FROM Employee WHERE Phone IS NOT NULL

解析 IS NULL(空值)

【定義】NULL值是表示沒有任何的值(空值)。

【例如】學生月考缺考,使該科目成績是空值。

【注意】這裡的「IS」不能用等號(=)代替它。

(A) 5. 下列對於SQL語言之UPDATE指令之敘述，何者為非？
　　　　(A)一次只能修改一個欄位值
　　　　(B)一次只能修改一個資料表
　　　　(C)可用來修改資料表的欄位值
　　　　(D)可以加入WHERE條件式來過濾要更新的資料

解析 UPDATE指令同時更新多個欄位資料。

【實作】

請在「課程表」中將「資料結構」的學分數改為「4」，並且「必選修」改為「必」。

```
UPDATE 課程表
SET 學分數='4',必選修='必'
WHERE 課名='資料結構'
```

(B) 6. 您有一個名為Student的資料表，其中包含100個資料列。某些資料列的FirstName資料行有NULL值。您執行下列陳述式：
　　　　DELETE FROM Student
　　　　結果是什麼？
　　　　(A)您會收到錯誤訊息
　　　　(B)資料表中的所有資料列都會被刪除
　　　　(C)所有資料列與資料表定義都會被刪除
　　　　(D)FirstName資料行中包含NULL的所有資料列都會被刪除

解析 由於此SQL指令沒有下「WHERE條件式」，所以，資料表中的所有資料列都會被刪除。

```
DELETE FROM 資料表名稱
[WHERE <條件式>]
```

(A) 7. 您的資料庫包含一個名為Customer的資料表。您需要從Customer資料表刪除CustomerID為12345的記錄。

您應該使用哪一個陳述式？

(A)DELETE FROM Customer WHERE CustomerID=12345

(B)DELETE CustomerID FROM Customer WHERE CustomerID=12345

(C)UPDATE Customer DELETE * WHERE CustomerID=12345

(D)UPDATE CustomerID FROM Customer DELETE * WHERE CustomerID=12345

解析 【格式】

DELETE FROM 資料表名稱

[WHERE <條件式>]

【實作】

請刪除系碼為「D005」的學生記錄

DELETE

FROM 學生表

WHERE 系碼='D005'

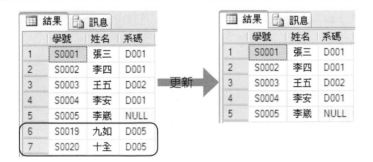

（　C　）8. 下列敘述何者可刪除student表格中的所有橫列？

　　　　　(A)DELETE * ROWS FROM student

　　　　　(B)DELETE ALL FROM student

　　　　　(C)DELETE FROM student

　　　　　(D)DELETE ROWS FROM student

解析 當SQL指令沒有下「WHERE條件式」時，則資料表中的所有資料列都會被刪除。

> DELETE FROM 資料表名稱
>
> [WHERE <條件式>]

（　B　）9. DELETE FROM資料表：

　　　　　(A)由於沒有選取橫列，因此不會刪除任何資料

　　　　　(B)表格中所有的橫列都會被刪除

　　　　　(C)由於WHERE子句是必須的，因此會造成錯誤

　　　　　(D)只會刪除第一列，並產生錯誤

解析 當SQL指令沒有下「WHERE條件式」時，則資料表中的所有資料列都會被刪除。

> DELETE FROM 資料表名稱
>
> [WHERE <條件式>]

（　B　）10.若使用DELETE敘述時，將WHERE子句省略，會有甚麼後果？

　　　　　(A)由於沒有選取橫列，因此不會刪除任何資料

　　　　　(B)表格中所有的橫列都會被刪除

　　　　　(C)由於WHERE子句是必須的，因此會造成錯誤

　　　　　(D)只會刪除第一列，並產生錯誤

解析 當SQL指令沒有下「WHERE條件式」時，則資料表中的所有資料列都會被刪除。

> DELETE FROM 資料表名稱
>
> [WHERE <條件式>]

(C) 11.INSERT陳述式是在哪個資料庫結構上運作？
    (A)角色　　　　　　　　(B)預存程序
    (C)資料表　　　　　　　(D)觸發程序
    (E)使用者

解析 使用者可以透過資料操作語言（DML），來對資料表記錄進行以下四種操作：
1. INSERT（新增）：指新增一筆記錄到新的資料表內。
2. UPDATE（修改）
3. DELETE（刪除）
4. SELECT（查詢）

> INSERT INTO 資料表名稱 <欄位串列>
> VALUES(<欄位值串列> | <SELECT指令>)

(B,C,E) 12.以下哪三個是有效的資料操作語言（DML）命令？（請選擇三個答案）
    (A)COMMIT　　　　　　(B)DELETE
    (C)INSERT　　　　　　(D)OUTPUT
    (E)UPDATE

解析 使用者可以透過資料操作語言（DML），來對資料表記錄進行以下四種操作：
1. INSERT（新增）：指新增一筆記錄到新的資料表內。
2. UPDATE（修改）
3. DELETE（刪除）
4. SELECT（查詢）

(C) 13.在SQL，INSERT陳述式是用來：

(A)將使用者加入至資料庫　　　(B)將資料表加入至資料庫

(C)將資料列加入至資料表　　　(D)將資料行加入至資料表定義

解析 使用者可以透過資料操作語言（DML），來對資料表記錄進行以下四種操作：

1. INSERT（新增）：指新增一筆記錄到新的資料表內。

2. UPDATE（修改）

3. DELETE（刪除）

4. SELECT（查詢）

INSERT INTO 資料表名稱 <欄位串列>

VALUES(<欄位值串列> | <SELECT指令>)

(C) 14.若要將資料列加入至現有的資料表，應該使用哪個命令？

(A)ALTER　　　　　　　　　(B)CHANGE

(C)INSERT　　　　　　　　　(D)MODIFY

(E)UPDATE

解析 資料列是指「資料記錄」。因此，要將資料列加入至現有的資料表，就必須要使用到資料操作語言（DML）中的INSERT（新增）命令來進行。

(B) 15.您有下列資料表定義：

CREATE TABLE Road

(RoadID INTEGER NOT NULL，

Distance INTEGER NOT NULL)

Road資料表包含下列資料：

RoadID	Distance
1234	22
1384	34

您執行下列陳述式：

INSERT INTO Road VALUES(1234，36)

結果是什麼？

(A)語法錯誤

(B)在資料表中新增資料列

(C)顯示錯誤訊息指出不允許NULL值

(D)顯示錯誤訊息指出不允許重複的識別碼

解析 不會產生錯誤，因為「RoadID」欄位在定義時，沒有設定為「Primary key」（即主鍵），因此，在新增資料時是可以重複的。所以，就會在資料表中新增資料列。

(C) 16.您有下列資料表定義：

        CREATE TABLE Product

        (ProductID INTEGER，

        Name　VARCHAR(20))

您需要插入新產品。該產品的名稱是plate，產品識別碼是12345。您應該使用哪一個陳述式？

(A)INSERT 12345，`plate` INTO Product

(B)INSERT NEW ProductID=12345，Name INTO Product

(C)INSERT INTO Product(ProductID，Name) VALUES(12345，`plate`)

(D)INSERT INTO Product VALUES(ProductID=12345，Name=`plate`)

解析 INSERT（新增記錄）指令。

【定義】指新增一筆記錄到新的資料表內。

【格式】

INSERT INTO 資料表名稱 <欄位串列>

VALUES(<欄位值串列> | <SELECT指令>)

【實例】指定欄位串列的新增。

假設現在新增「學號」為'S0002'，「姓名」為'李四'的記錄到學生表中。

INSERT INTO 學生表(學號,姓名)

VALUES('S0002','李四')；

(D) 17. 您有一個名為Product的資料表，包含下列資料：

ProductID資料行是主索引鍵，CategoryID資料行是另一名為Category資料表的外部索引鍵。

您執行下列陳述式：

INSERT INTO Product Values(3296，`Table`，4444)

結果是什麼？

(A)語法錯誤　　　　　　　　　(B)在Product資料表中新增資料列

(C)外部索引鍵條件約束違規　　(D)主索引鍵條件約束違規

(E)在Category資料表中新增資料列

解析 由於ProductID資料行是主索引鍵，因此，就不會有重複及空值的現象；否則，會違反實體完整性規則。

(B) 18.您需要將資料從名為Employee的現有資料表填入名為EmployeeCopy的資料表。您應該使用哪一個陳述式？

(A)Copy * INTO Employee

SELECT *

FROM Employee

(B)INSERT INTO EmployeeCopy

SELECT *

FROM Employee

(C)INSERT *

FROM Employee

INTO EmployeeCopy

(D)SELECT *

INTO EmployeeCopy

(E)SELECT *

FROM Employee

解析 新增來源為另一個資料表。將羽球相關的品名從「產品資料表」中整批新增到另一個資料表中。

SQL指令
INSERT INTO 羽球產品資料表
SELECT *
FROM 產品資料表
WHERE 產品資料表.品名 LIKE '羽%'

羽球產品資料表

	產品代號	品名	單價
#1	C021	羽球衣	1200
#2	C032	羽球鞋	3200
#3	C001	桌球衣	1200

註：將查詢的結果「整批新增」到其他資料表中。

(D) 19.假設有一個經常異動資料的資料庫，且需要使用INSERT查詢以維持student
表格的正確性，假如student表格有增加新的欄位，下列哪個查詢仍然能正
常運作？

(A)INSERT student VALUES(`90177`，`Q123456789`，`張小華`)

(B)INSERT INTO student Columns(no，id，name) values(`90177`，
`Q123456789`，`張小華`)

(C)INSERT INTO student VALUES(`90177`，`Q123456789`，`張小華`)(no，
id，name)

(D)INSERT INTO student(no，id，name) VALUES(`90177`，
`Q123456789`，`張小華`)

解析 本題必須要使用指定欄位串列的新增。

INSERT INTO 資料表名稱 <欄位串列>
VALUES(<欄位值串列> | <SELECT指令>)

(A) 20.UPDATE陳述式和DELETE陳述式的一個差別是什麼？
　　(A)UPDATE陳述式不會從資料表移除資料列
　　(B)UPDATE陳述式只能變更一個資料列
　　(C)DELETE陳述式無法使用WHERE子句
　　(D)DELETE陳述式只能在預存程序中運作

解析　UPDATE陳述式：指修改一個資料表中某些值組（記錄）之屬性值。
【格式】

```
UPDATE 資料表名稱
SET {<欄位名稱1>=<欄位值1>,...,<欄位名稱n>=<欄位值n>}
[WHERE <條件子句>]
```

【註】UPDATE陳述式一次可以同時變更多個資料列。

【實作】同時更新多個欄位資料

請在「課程表」中「資料結構」的學分數改為'4'，並且必選修改為'必'。

```
SQL指令

use ch5_DB
UPDATE 課程表
SET 學分數='4',必選修='必'
WHERE 課名='資料結構'
```

(B) 21.UPDATE陳述式是在哪個資料庫結構上運作？
　　(A)角色　　　　　　　　(B)資料表
　　(C)觸發程序　　　　　　(D)使用者

解析　使用者可以透過資料操作語言（DML），來對資料表記錄進行以下四種操作：
1. INSERT（新增）：指新增一筆記錄到新的資料表內。
2. UPDATE（修改）：指修改一個資料表中某些值組（記錄）之屬性值。
3. DELETE（刪除）
4. SELECT（查詢）

(D) 22.您有一個包含所有在校學生相關資訊的資料表。若要變更資料表中的學生名字，您應該使用哪個SQL關鍵字？
(A)CHANGE (B)INSERT
(C)SELECT (D)UPDATE

解析 UPDATE陳述式：指修改一個資料表中某些值組（記錄）之屬性值。

(B) 23.您有一個包含產品識別碼和產品名稱的資料表。
您需要撰寫UPDATE陳述式，以將特定的產品名稱變更為glass。
您應該在UPDATE陳述式中包含什麼？
(A)LET ProductName=`glass` (B)SET ProductName=`glass`
(C)EXEC ProductName=`glass` (D)ASSIGN ProductName=`glass`

解析

> UPDATE 資料表名稱
> SET {<欄位名稱1>=<欄位值1>,...,<欄位名稱n>=<欄位值n>}
> [WHERE <條件子句>]

【實例】條件式更新。
在「產品資料表」中，有關桌球相關產品單價調升30%。

SQL指令
UPDATE 產品資料表
SET 單價 = 單價*1.3
WHERE 品名 LIKE '桌球*'

產品資料表

	產品代號	品名	單價
#1	C001	羽球拍	3000
#2	B004	桌球鞋	~~2300~~ → 2990
#3	A005	桌球衣	~~1200~~ → 1560
#4	D002	桌球皮	~~550~~ → 715

(B) 24.您有一個名為Product的資料表。Product資料表有ProductDescription和 ProductCategory資料行。您需要將Product資料表中所有湯匙的Product Category值變更為43。您應該使用哪一個陳述式?

(A)SET Product

　　TO ProductCategory=43

　　WHERE ProductDescription=`spoon`

(B)UPDATE Product

　　SET ProductCategory=43

　　WHERE ProductDescription=`spoon`

(C)SET Product

　　WHERE ProductDescription=`spoon`

　　TO ProductCategory=43

(D)UPDATE Product

　　WHERE ProductDescription=`spoon

　　SET ProductCategory=43

解析

UPDATE 資料表名稱

SET {<欄位名稱1>=<欄位值1>,....,<欄位名稱n>=<欄位值n>}

[WHERE <條件子句>]

(D) 25.您有一個產品資料表，其中包含ProductID、Name和Price欄位。您需要撰寫UPDATE陳述式，以將特定ProductID之InStock欄位的值設定為Yes。您應該在UPDATE陳述式中使用哪個子句？

(A)GROUP BY (B)HAVING

(C)THAT (D)WHERE

解析 【語法】

UPDATE 資料表名稱

SET {<欄位名稱1>=<欄位值1>,...,<欄位名稱n>=<欄位值n>}

[WHERE <條件子句>]

【實例】

UPDATE 產品資料表

SET InStock=Yes

Where ProductID='某特定值'

(D) 26.使用UPDATE敘述在一次最多可修改幾個表格？

(A)表格數目沒有限制

(B)只要表格之間包含共同的索引，一個查詢最多可以修改兩個表格

(C)只要表格沒有定義UPDATE觸發機制，一次可以修改一個以上的表格

(D)UPDATE敘述最多只能更新一個表格

解析 UPDATE敘述只能針對某一個資料表來進行更新動作。

UPDATE 某1個資料表名稱

SET {<欄位名稱1>=<欄位值1>,...,<欄位名稱n>=<欄位值n>}

[WHERE <條件子句>]

NOTE

CHAPTER 6

MTA Certification

SQL之資料查詢語言

本章學習目標

1. 讓讀者瞭解SQL語言的各種使用方法。
2. 讓讀者瞭解SQL語言的進階查詢技巧。

本章內容

6-1
單一資料表的查詢

在SQL語言所提供的三種語言（DDL、DML、DCL）中，我們在第4章已認識了DDL；其第二種為資料操作語言（Data Manipulation Language；DML），主要是提供給使用者對資料庫進行異動（新增、修改、刪除）操作及「查詢」操作等功能。

異動操作方面比較單純，在前面章節已經有詳細介紹；但在「查詢」操作方面，則是屬於比較複雜且變化較大的作業。因此，筆者特別將資料庫的查詢單元，利用本章節介紹。

SQL的基本語法

```
SELECT [* | DISTINCT | Top n] <欄位串列>
FROM (資料表名稱{<別名>} | JOIN資料表名稱)
[WHERE <條件式>]
[GROUP BY <群組欄位> ]
[HAVING <群組條件>]
[ORDER BY <欄位> [ASC | DESC]]
```

說明▶▶　1. SELECT後面要接欄位串列。

2. [* | Distinct | Top n]中，括號的部分可以省略。

   (1) "*"表示列印出**所有的欄位**（欄位1,欄位2,……,欄位n）

   (2) Distinct　代表從資料表中**選擇不重複的資料**。它是利用先排序來檢查是否有重複，因此，已經內含ORDER BY的功能。所以，如果使用DISTINCT時，就不需要再撰寫ORDER BY。

   (3) Top n　指在資料表中取出**名次排序在前的n筆紀錄**。

   (4) INTO新資料表　是指將SELECT查詢結果存入另一個新資料表中。

3. From 後面接**資料表名稱**，它可以接一個以上的資料表。

4. Where 後面要接**條件式**（它包括了各種運算子）。

5. Group By **欄位1,欄位2,…,欄位n** [Having 條件式]

   (1) Group By　可單獨存在，它是將**數個欄位組合起來**，以作為每次動作的依據。

   (2) [Having 條件式]　是將數個欄位加以**有條件的組合**。**它不可以單獨存在**。

6. Order By 欄位1,欄位2,…,欄位n [Asc | Desc]

　　它是**依照某一個欄位來進行排序**。

　　例如：(1) ORDER BY 成績 **Asc**　　可以省略（**由小至大**）

　　　　　(2) ORDER BY成績 **Desc**　　不可以省略（**由大至小**）

※SQL的案例在之後各單元會詳細介紹。

6-2 建立學生選課資料庫

　　在本單元中，為了方便撰寫SQL語法所需要的資料表，我們以「學生選課系統」的資料庫系統為例，建立資料庫關聯圖，以便後續的查詢分析之用。如圖6-1所示。

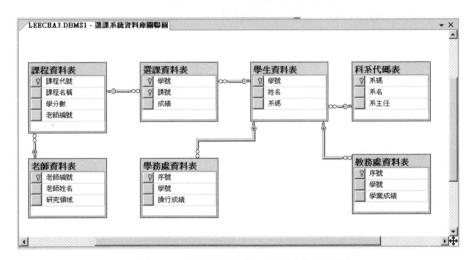

❖圖6-1　學生選課系統之資料庫關聯圖

　　因此我們利用SQL Server 2008建立七個資料表，分別為：學生資料表、科系代碼表、選課資料表、課程資料表、老師資料表、教務處資料表及學務處資料表。

一、學生資料表

	學號	姓名	系碼
#1	S0001	張三	D001
#2	S0002	李四	D002
#3	S0003	王五	D003
#4	S0004	陳明	D001
#5	S0005	李安	D004

✂圖6-2

二、科系代碼表

	系碼	系名	系主任
#1	D001	資管系	林主任
#2	D002	資工系	陳主任
#3	D003	工管系	王主任
#4	D004	企管系	李主任
#5	D005	幼保系	黃主任

✂圖6-3

三、選課資料表

	學號	課號	成績
#1	S0001	C001	56
#2	S0001	C005	73
#3	S0002	C002	92
#4	S0002	C005	63
#5	S0003	C004	92
#6	S0003	C005	70
#7	S0004	C003	75
#8	S0004	C004	88
#9	S0004	C005	68
#10	S0005	C005	NULL

❀圖6-4

四、課程資料表

	課號	課名	學分數	老師編號
#1	C001	資料結構	4	T0001
#2	C002	資訊管理	4	T0001
#3	C003	系統分析	3	T0001
#4	C004	統計學	4	T0002
#5	C005	資料庫系統	3	T0002
#6	C006	數位學習	3	T0003
#7	C007	知識管理	3	T0004

❀圖6-5

五、老師資料表

	老師編號	老師姓名	研究領域
#1	T0001	張三	數位學習
#2	T0002	李四	資料探勘
#3	T0003	王五	知識管理
#4	T0004	李安	軟體測試

✿圖6-6

六、教務處資料表

	序號	學號	學業成績
#1	1	S0001	60
#2	2	S0002	70
#3	3	S0003	80
#4	4	S0004	90

✿圖6-7

七、學務處資料表

	序號	學號	操行成績
#1	1	S0001	80
#2	2	S0002	93
#3	3	S0003	75
#4	4	S0004	60

✿圖6-8

6-3 使用SELECT子句

定義 SELECT是指在資料表中，選擇全部或部分欄位顯示出來，這就是所謂的「投影運算」。

格式

```
SELECT 欄位串列
FROM 資料表名稱
```

6-3-1 查詢全部欄位

定義 是指利用SQL語法來查詢資料表中的資料時，可以依照使用者的權限及需求來查詢所要看的資料。如果沒有指定欄位的話，我們可以直接利用**星號「*」代表所有的欄位名稱**。

優點 不需輸入全部的欄位名稱。

缺點 1. 無法隱藏私人資料。

2. 無法自行調整欄位順序。

3. 無法個別指定欄位的別名。

範例 在「學生資料表」中顯示「所有學生基本資料」（參見第6-2節）。

解答

SQL指令1

```
use ch6_DB
SELECT *
FROM 學生資料表
```

執行結果

結果 訊息

	學號	姓名	系碼
1	S0001	張三	D001
2	S0002	李四	D002
3	S0003	王五	D003
4	S0004	陳明	D001
5	S0005	李安	D004

圖6-9

SQL指令2　與SQL指令1有相同的結果
use ch6_DB SELECT 學號,姓名,系碼 FROM 學生資料表

6-3-2　查詢指定欄位（垂直篩選）

定義▶▶▌　由於前述所介紹的方法只能直接選擇全部的欄位資料，無法顧及隱藏私人資料及自行調整欄位順序的問題。因此，我們利用指定欄位來查詢資料。

優點▶▶▌　1. 可顧及私人資料。

　　　　　2. 可自行調整欄位順序。

　　　　　3. 可以個別指定欄位的別名。

缺點▶▶▌　如果確定要顯示所有欄位，則必須花較多時間輸入。

範例▶▶▌　在「學生資料表」中查詢所有學生的「姓名及系碼」（參見第6-2節）。

解答▶▶▌

SQL指令
use ch6_DB SELECT 姓名,系碼　　　　欄位與欄位名稱之間，必 FROM 學生資料表　　　　須要以逗號「，」隔開

執行結果▶▶▌

	姓名	系碼
1	張三	D001
2	李四	D002
3	王五	D003
4	陳明	D001
5	李安	D004

❈圖6-10

說明▶▶▌　在「學生資料表」中將「姓名」及「系碼」投射出來。

6-3-3 使用「別名」來顯示

定義▸▸ 使用AS運算子之後,可以使用不同名稱顯示原本的欄位名稱。

表示式▸▸

原本的欄位名稱 AS 別名

(AS可省略不寫,只寫「別名」。)

範例▸▸ 系碼 **AS** 科系代碼 　或寫成 ➜ 系碼 科系代碼

注意▸▸ AS只是暫時性地變更列名,並不是真的會把原本的名稱覆蓋過去。

適用時機▸▸

　　1. 欲「合併」的資料表較多,並且名稱較長時。

　　2. 一個資料表扮演多種不同角色(自我合併)。

　　3. 暫時性地取代某個欄位名稱(系碼 AS 科系代碼)。

替代欄位名稱字串▸▸

❊表6-1　SQL中的替代欄位名稱字串

替代字元	功能	語法
AS	設定別名	Select 系碼 AS 系所班別
+	結合兩個欄位字串	SELECT 學號+姓名 AS 資料

範例▸▸ 在「學生資料表」中將所有學生的「系碼」設定別名為「科系代碼」之後,
再顯示「姓名、科系代碼」(參見第6-2節)。

解答▸▸

SQL指令
use ch6_DB
SELECT 姓名, 系碼 AS 科系代碼
FROM 學生資料表

利用AS來設定欄位的別名

執行結果▸▸

	姓名	科系代碼
1	張三	D001
2	李四	D002
3	王五	D003
4	陳明	D001
5	李安	D004

❊圖6-11

6-3-4 使用「INTO」新增資料到新資料表中

定義⏭ 使用INTO運算子來將查詢出來的結果，存入到另一個資料表中。

表示式⏭

SELECT 欄位串列 INTO 新資料表名稱

注意⏭ 新資料表名稱不須事先建立。

適用時機⏭ 資料備份或測試時。

範例⏭ 在「學生資料表」中將所有學生資料備份一份，另存入「測試用學生資料表_1」（參見第6-2節）。

解答⏭

SQL指令
use ch6_DB SELECT * INTO 測試用學生資料表_1 FROM 學生資料表

執行結果⏭

結果 訊息

	學號	姓名	系碼
1	S0001	張三	D001
2	S0002	李四	D002
3	S0003	王五	D003
4	S0004	陳明	D001
5	S0005	李安	D004

圖6-12

6-4
使用「比較運算子條件」

如果我們所想要的資料是要符合某些條件，而不是全部的資料時，那就必須要在SELECT子句中再使用WHERE條件式。並且也可以配合使用「比較運算子條件」來搜尋資料。若條件式成立的話，則會傳回「True（真）」；若不成立的話，則會傳回「False（假）」。

SQL指令
SELECT 欄位集合
FROM 資料表名稱
WHERE 條件式

✷表6-2　比較運算子表

運算子	功能	例子	條件式說明
＝（等於）	判斷A與B是否相等	A=B	成績=60
<>（不等於）	判斷A是否不等於B	A<>B	成績<>60
<（小於）	判斷A是否小於B	A<B	成績<60
<=（小於等於）	判斷A是否小於等於B	A<=B	成績<=60
>（大於）	判斷A是否大於B	A>B	成績>60
>=（大於等於）	判斷A是否大於等於B	A>=B	成績>=60

註：設A代表「成績欄位名稱」，B代表「字串或數值資料」。

6-4-1 查詢滿足條件的值組（水平篩選）

定義▶▶ 當我們所想要的資料是要符合某些條件，而不是全部的資料時，那就必須要在SELECT子句中再使用WHERE條件式。

優點▶▶ 1. 可以依照使用者的需求來查詢。

2. 資訊較為集中。

範例▶▶ 在「選課資料表」中查詢修課號為「C005」的學生的「學號及成績」（參見第6-2節）。

解答 ▶▶

SQL指令
use ch6_DB
SELECT 學號, 成績
FROM 選課資料表
WHERE 課號='C005'

執行結果 ▶▶

	學號	成績
1	S0001	73
2	S0002	63
3	S0003	70
4	S0004	68
5	S0005	NULL

✿ 圖6-13

6-4-2 查詢比較大小的條件

定義 ▶▶ 當我們所想要的資料是要符合某些條件，例如：顯示出「及格」或「不及格」的學生名單等情況。此時，我們就必須要在WHERE條件式中使用「比較運算子」來篩選。

範例 ▶▶ 在「選課資料表」中查詢任何課程成績「不及格(＜60)」的學生的「學號、課號及成績」（參見第6-2節）。

解答 ▶▶

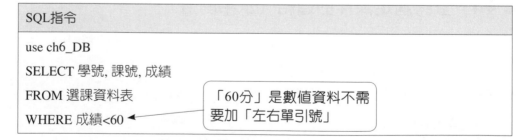

SQL指令
use ch6_DB
SELECT 學號, 課號, 成績
FROM 選課資料表
WHERE 成績<60 ◀ 「60分」是數值資料不需要加「左右單引號」

執行結果 ▶▶

	學號	課號	成績
1	S0001	C001	56

✿ 圖6-14

6-5

使用「邏輯比較運算子條件」

在WHERE條件式中除了可以設定「比較運算子」之外，還可以設定「邏輯運算子」來將數個「比較運算子」條件組合起來，成為較複雜的條件式。其常用的邏輯運算子如表6-3所示：

✿表6-3 邏輯運算子表

運算子	功能	條件式說明
And（且）	判斷A且B兩個條件式是否皆成立	成績>=60 And 課號='C005'
Or（或）	判斷A或B兩個條件式是否有一個成立	課號='C004' Or 課號='C005'
Not（反）	非A的條件式	Not 成績>=60

註：設A代表「左邊條件式」，B代表「右邊條件式」。

6-5-1 And（且）

定義▸▸ 判斷A且B兩個條件式是否皆成立。

範例▸▸ 在「選課資料表」中查詢修課號為「C005」，且成績是「及格(>=60分)」的學生的「學號及成績」（參見第6-2節）。

解答▸▸

SQL指令
use ch6_DB
SELECT 學號,成績
FROM 選課資料表
WHERE 成績>=60 And 課號='C005'

執行結果▸▸

✿圖6-15

6-5-2 Or（或）

定義 ▶▶ 判斷A或B兩個條件式是否至少有一個成立。

範例 ▶▶ 在「選課資料表」中查詢學生任選一科「課號」為'C004'或「課號」為'C005'的學生的「學號」、「課號」及「成績」（參見第6-2節）。

解答 ▶▶

SQL指令
use ch6_DB
SELECT 學號,課號,成績
FROM 選課資料表
WHERE 課號='C004' Or 課號='C005'

執行結果 ▶▶

	學號	課號	成績
1	S0001	C005	73
2	S0002	C005	63
3	S0003	C004	92
4	S0003	C005	70
5	S0004	C004	88
6	S0004	C005	68
7	S0005	C005	NULL

❈圖6-16

6-5-3 Not（反）

定義 ▶▶ 當判斷結果成立時，則變成「不成立」。而判斷結果不成立時，則變成「成立」。

範例 ▶▶ 在「選課資料表」中，查詢有修「課號」為「C001」，且成績「不及格」的學生的「學號」及「成績」（參見第6-2節）。

解答 ▶▶

SQL指令
use ch6_DB
SELECT 學號, 成績
FROM 選課資料表
WHERE 課號='C001' And Not 成績>=60

執行結果▸▸

❈圖6-17

6-5-4 IS NULL（空值）

定義▸▸ NULL值是表示沒有任何的值（空值），在一般的資料表中，有些欄位中並沒有輸入任何的值。例如：學生月考缺考，該科目成績是空值。

範例 1

在「選課資料表」中查詢哪些學生「缺考」的「學號」、「課號」及「成績」。（參見第6-2節）。

解答▸▸

SQL指令
use ch6_DB
SELECT 學號, 課號, 成績
FROM 選課資料表
WHERE 成績 IS NULL ◀── 設定IS NULL條件，其回傳的值True或False

執行結果▸▸

❈圖6-18

注意：這裡的「IS」不能用等號（＝）代替它。

範例 ②

　　在「選課資料表」中查詢哪些學生「沒有缺考」的「學號」、「課號」及「成績」。

解答 ▶▶

SQL指令
use ch6_DB
SELECT 學號, 課號, 成績
FROM 選課資料表
WHERE 成績 **IS NOT NULL** ◀── 設定IS NOT NULL條件

執行結果 ▶▶

	學號	課號	成績
1	S0001	C001	56
2	S0001	C005	73
3	S0002	C002	92
4	S0002	C005	63
5	S0003	C004	92
6	S0003	C005	70
7	S0004	C003	75
8	S0004	C004	88
9	S0004	C005	68

❖ 圖6-19

6-6
使用「模糊條件與範圍」

定義 ▶▶ 在Where條件式中，除了可以設定「比較運算子」與「邏輯運算子」之外，還可以設定「模糊或範圍條件」來查詢。

範例 ▶▶ 在奇摩的搜尋網站中，使用者只要輸入某些關鍵字，就可以即時查詢出相關的資料。其常用的模糊或範圍運算子如表6-4所示：

表6-4　模糊或範圍運算子表

運算子	功能	條件式說明
Like	模糊相似條件	WHERE 系所 Like '資管*'
In	集合條件	WHERE 課程代號 In('C001','C002')
Between……And	範圍條件	WHERE 成績 Between 60 And 80

6-6-1　Like模糊相似條件

定義 ▶▶ LIKE運算子利用萬用字元（% 及 _）來比較相同的內容值。

　　1. 萬用字元（%）星號代表零個或一個以上的任意字元。

　　2. 萬用字元（_）問號代表單一個數的任意字元。

注意 ▶▶ Like模糊相似條件的萬用字元之比較如表6-5。

表6-5　Like模糊相似條件的萬用字元比較表

撰寫SQL語法環境	Access	SQL Server
比對一個字元	「?」	「_」
比對多個字元	「*」	「%」
比對一個數字	「#」	「#」
包含指定範圍	[A-C]代表包含A到C的任何單一字元	
排除包含指定範圍	[^A-C]代表排除A到C的任何單一字元	

【以SQL Server 2008的環境為例】

1. Select *

 意義：「*」代表在資料表中的所有欄位。

2. WHERE 姓名 Like '李%'

 意義：查詢姓名開頭為「李」的所有學生資料。

3. WHERE 姓名 Like '%李'

 意義：查詢姓名結尾為「李」的所有學生資料。

4. WHERE 姓名 Like '%李%'

 意義：查詢姓名含有「李」字的所有學生資料。

5. WHERE 姓名 Like '李＿＿'

 意義：查詢姓名中姓「李」且3個字的學生資料。

範 例 1

 在「學生資料表」中查詢姓「李」的學生基本資料。

解答▶▶| （參見第6-2節）

SQL指令
use ch6_DB SELECT * FROM 學生資料表 **WHERE 姓名 Like '李%'**

執行結果▶▶|

❈圖6-20

範 例 ②

在「學生資料表」中查詢姓「李」或「王」的學生基本資料。

解答 ▸▸ （參見第6-2節）

SQL指令
use ch6_DB
SELECT *
FROM 學生資料表
WHERE 姓名 Like '[李王]%';

執行結果 ▸▸

	學號	姓名	系碼
1	S0002	李四	D002
2	S0003	王五	D003
3	S0005	李安	D004

❈圖6-21

範 例 ③

在「學生資料表」中查詢姓名不是姓「李」或「王」的學生基本資料。

解答 ▸▸ （參見第6-2節）

SQL指令
use ch6_DB
SELECT *
FROM 學生資料表
WHERE 姓名 NOT Like '[李王]%';

執行結果 ▸▸

	學號	姓名	系碼
1	S0001	張三	D001
2	S0004	陳明	D001

❈圖6-22

6-6-2 In集合條件

定義 ▶▶| In為集合運算子，只要符合集合之其中一個元素，將會被選取。

使用時機 ▶▶| 篩選的對象是兩個或兩個以上。

範 例 1

在「選課資料表」中查詢學生任選一個「課號」為'C004'或「課號」為'C005'的學生的「學號」、「課號」及「成績」。

解答 ▶▶| （參見第6-2節）

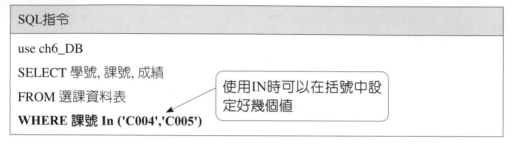

SQL指令
use ch6_DB
SELECT 學號, 課號, 成績
FROM 選課資料表
WHERE 課號 In ('C004','C005')

使用IN時可以在括號中設定好幾個值

執行結果 ▶▶|

	學號	課號	成績
1	S0001	C005	73
2	S0002	C005	63
3	S0003	C004	92
4	S0003	C005	70
5	S0004	C004	88
6	S0004	C005	68
7	S0005	C005	NULL

❊圖6-23

註：以上的WHERE 課程代號 In ('C004','C005')亦可寫成如下：

WHERE 課程代號='C004'
OR 課程代號='C005'

範例 2

請在「學生資料表」中，列出「學號」為'S0001'~'S0003'的同學之「學號」、「姓名」及「系碼」。

解答▶▶

SQL指令
use ch6_DB
SELECT 學號,姓名,系碼
FROM 學生資料表
WHERE 學號 In ('S0001', 'S0002', 'S0003')

執行結果▶▶

☎圖6-24

範例 3

請在「學生資料表」中，列出「系碼」不是'D001'及'D002'的同學之「學號」、「姓名」及「系碼」。

解答▶▶

SQL指令
use ch6_DB
SELECT 學號,姓名,系碼
FROM 學生資料表
WHERE **NOT** 系碼 In ('D001', 'D002')

執行結果▶▶

☎圖6-25

6-6-3 Between／And範圍條件

定義▶▶ Between/And是用來指定一個範圍，表示資料值必須是在最小值（含）與最大值（含）之間的範圍資料。

註：等同於「≧最小值 And 最大值≦」。

範例▶▶ 在「選課資料表」中查詢成績60到90分之間的學生的「學號」、「課號」及「成績」（參見第6-2節）。

解答▶▶

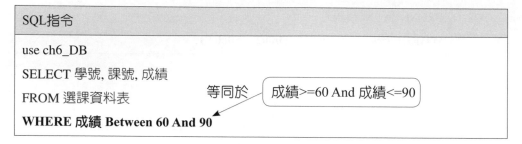

SQL指令
use ch6_DB
SELECT 學號, 課號, 成績
FROM 選課資料表   等同於 → 成績>=60 And 成績<=90
WHERE 成績 Between 60 And 90

執行結果▶▶

❖圖6-26

6-7 使用「算術運算子」

定義▸▸ 在WHERE條件式中還提供算術運算的功能，讓使用者可以設定某些欄位的數值做四則運算。其常用的算術運算子如表6-6所示：

✖ 表6-6　算術運算子表

運算子	功能	例子	執行結果
+（加）	A與B兩數相加	14+28	42
-（減）	A與B兩數相減	28-14	14
*（乘）	A與B兩數相乘	5*8	40
/（除）	A與B兩數相除	10/3	3.33333333…
%（餘除）	A與B兩數相除後，取餘數	10%3	1

範例▸▸ 在「選課資料表」中查詢學生成績乘1.2倍後還尚未達70分的學生，顯示「學號」、「課號」及「成績」。

解答▸▸ （參見第6-2節）

SQL指令
use ch6_DB
SELECT 學號, 課號, 成績
FROM 選課資料表
WHERE 成績*1.2<70

執行結果▸▸

✖ 圖6-27

6-8 使用「聚合函數」

定義 ▶▶ 在SQL中提供聚合函數來讓使用者統計資料表中數值資料的最大值、最小值、平均值及合計值等等。其常用的聚合函數的種類如表6-7所示：

❈表6-7　聚合函數表

聚合函數	說明
Count(*)	計算個數函數
Count(欄位名稱)	計算該欄位名稱之不具NULL值列的總數
AVG	計算平均函數
SUM	計算總和函數
MAX	計算最大值函數
MIN	計算最小值函數

6-8-1 紀錄筆數（Count）

定義 ▶▶ Count函數是用來計算橫列紀錄的筆數。

範例 ▶▶ 在「學生資料表」中查詢目前選修課程的全班人數。

解答 ▶▶ （參見第6-2節）

SQL指令
use ch6_DB
SELECT **Count(*)** AS 全班人數
FROM 學生資料表

執行結果 ▶▶

❈圖6-28

實作1►► 在「選課資料表」中查詢已經選課的「筆數」。

解答►►

SQL指令
use ch6_DB
SELECT Count(*) AS 全班人數
FROM 選課資料表;

執行結果►►

☷圖6-29

實作2►► 在「選課資料表」中查詢已經有成績的「成績」記錄筆數。

解答►►

SQL指令
use ch6_DB
SELECT Count(成績) AS 有成績總筆數
FROM 選課資料表;

執行結果►►

☷圖6-30

註：Count(欄位名稱)➡計算該欄位名稱之不具NULL值列的總數。

6-8-2 平均數（AVG）

定義▶▶| AVG函數用來傳回一組記錄在某欄位內容值中的平均值。

範例▶▶| 在「選課資料表」中查詢有選修「課號」為「C005」的全班平均成績。

解答▶▶| （參見第6-2節）

SQL指令
use ch6_DB
SELECT **AVG(成績)** AS 資料庫平均成績
FROM 選課資料表
WHERE 課號='C005'

執行結果▶▶|

❈圖6-31

6-8-3 總和（SUM）

定義▶▶| SUM函數是用來傳回一組紀錄在某欄位內容值的總和。

範例▶▶| 在「選課資料表」中查詢有選修「課號」為'C005'的全班總成績。

解答▶▶| （參見第6-2節）

SQL指令
use ch6_DB
SELECT **SUM(成績)** AS 資料庫總成績
FROM 選課資料表
WHERE 課號='C005'

執行結果▶▶|

❈圖6-32

6-8-4 最大值（MAX）

定義▶▶ MAX函數用來傳回一組紀錄在某欄位內容值中的最大值。

範例▶▶ 在「選課資料表」中查詢有選修「課號」為'C005'的全班成績最高分。

解答▶▶ （參見第6-2節）

SQL指令
use ch6_DB SELECT **MAX(成績)** AS 資料庫最高分 FROM 選課資料表 WHERE 課號='C005'

執行結果▶▶

☆圖6-33

6-8-5 最小值（MIN）

定義▶▶ MIN函數用來傳回一組紀錄在某欄位內容值中的最小值。

範例▶▶ 在「選課資料表」中查詢有選修「課號」為'C005'的全班成績最低分。

解答▶▶ （參見第6-2節）

SQL指令
use ch6_DB SELECT **MIN(成績)** AS 資料庫最低分 FROM 選課資料表 WHERE 課程代號='C005'

執行結果▶▶

☆圖6-34

6-9
使用「排序及排名次」

定義▶▶ 雖然撰寫SQL指令來查詢所需的資料非常容易，但如果顯示的結果筆數非常
龐大，而沒有按照某一順序及規則來顯示，可能會顯得非常混亂。還好SQL
指令還有提供排序的功能。其常用的排序及排名次的子句種類如表6-8所示：

✿表6-8 排序及排名次函數表

聚合函數	說明	
ORDER BY成績 Asc	Asc ←	可以省略（由小至大）
ORDER BY成績 Desc	Desc ←	不可以省略（由大至小）
Top N	取排名前N名	
Top N Percent	取排名前N%名	

註：Asc—Ascending（遞增） Desc—Descending（遞減）

6-9-1 Asc遞增排序

定義▶▶ 資料紀錄的排序方式是由小至大排列。

範例▶▶ 在「選課資料表」中查詢全班成績由低到高分排序。

解答▶▶ （參見第6-2節）

SQL指令
use ch6_DB
SELECT 學號, 課號, 成績
FROM 選課資料表
ORDER BY 成績 Asc

執行結果

	學號	課號	成績
1	S0005	C005	NULL
2	S0001	C001	56
3	S0002	C005	63
4	S0004	C005	68
5	S0003	C005	70
6	S0001	C005	73
7	S0004	C003	75
8	S0004	C004	88
9	S0002	C002	92
10	S0003	C004	92

圖6-35

6-9-2 Desc遞減排序

定義 資料紀錄的排序方式是由大至小排列。

範例 在「選課資料表」中查詢的全班成績由高到低分排序。

解答 （參見第6-2節）

SQL指令

```
use ch6_DB
SELECT 學號, 課號, 成績
FROM 選課資料表
ORDER BY 成績 Desc
```

執行結果

	學號	課號	成績
1	S0002	C002	92
2	S0003	C004	92
3	S0004	C004	88
4	S0004	C003	75
5	S0001	C005	73
6	S0003	C005	70
7	S0004	C005	68
8	S0002	C005	63
9	S0001	C001	56
10	S0005	C005	NULL

圖6-36

實作▶▶ 在「選課資料表」中查詢全班成績由高到低分排序，但缺考的除外。

解答▶▶ （參見第6-2節）

SQL指令
use ch6_DB
SELECT 學號, 課號, 成績
FROM 選課資料表
WHERE 成績 IS NOT NULL
ORDER BY 成績 DESC

執行結果▶▶

❉圖6-37

6-9-3 比較複雜的排序

定義▶▶ 指定一個欄位以上來做排序時,則先以第一個欄位優先排序;當資料相同時,則再以第二個欄位進行排序,依此類推。

範例▶▶ 在「選課資料表」中查詢結果按照學號升冪排列之後,再依成績升冪排列。

	學號	課號	成績
#1	S0001	C001	56
#2	S0001	C005	73
#3	S0002	C002	92
#4	S0002	C005	63
#5	S0003	C004	92
#6	S0003	C005	70
#7	S0004	C003	75
#8	S0004	C004	88
#9	S0004	C005	68
#10	S0005	C005	NULL

未依成績

依學號

❈圖6-38

解答▶▶ (參見第6-2節)

SQL指令
use ch6_DB
SELECT 學號, 課號, 成績
FROM 選課資料表
WHERE 課號='C005' ORDER BY 學號,成績

欄位名稱之間必須要以「,(逗點)來做區隔」

執行結果▶▶

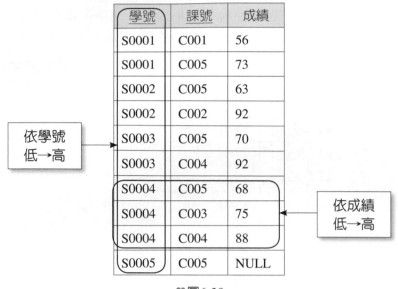

❊圖6-39

實作1▶▶ 在「選課資料表」中查詢結果按照「學號」昇冪排列之後,再依「成績」降
冪排列(亦即由高分到低分)。

解答▶▶ (參見第6-2節)

SQL指令
use ch6_DB
SELECT 學號, 課號, 成績
FROM 選課資料表
ORDER BY 學號 ASC, 成績 DESC;

執行結果▶▶

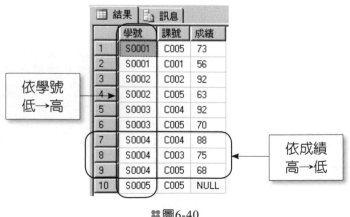

❊圖6-40

實作2▸▸ 在「選課資料表」中查詢「學生為'S0003'與'S0004'」二位同學的選修課程，其結果按照「學號」昇冪排列之後，再依「成績」昇冪排列（亦即由低分到高分）。

解答▸▸ （參見第6-2節）

SQL指令
use ch6_DB
SELECT 學號, 課號, 成績
FROM 選課資料表
WHERE 學號 IN('S0003','S0004')
ORDER BY 學號, 成績;

執行結果▸▸

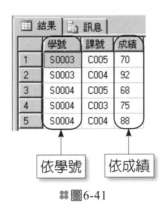

❋圖6-41

6-9-4 Top N

定義▸▸ 資料紀錄在排序之後，取排名前N名。

使用時機▸▸ 總筆數已知，例如：全班10人中取前三名。

範例▸▸ 在「選課資料表」中查詢有選修「課號」為'C005'的5個同學中，成績前二名的同學。

解答▸▸ （參見第6-2節）

SQL指令
use ch6_DB
SELECT TOP 2 *
FROM 選課資料表
WHERE 課號='C005'
ORDER BY 成績 DESC

執行結果▶▶

❈圖6-42

6-9-5 Top N Percent

定義▶▶ 資料紀錄在排序之後，取排名前N%名。

使用時機▶▶ 總筆數未知，例如：全班中的前30%是高分群學生。

範例▶▶ 在「選課資料表」中查詢有選修「課號」為'C005'的5個同學中，成績前30%的同學。

解答▶▶ （參見第6-2節）

SQL指令
use ch6_DB
SELECT TOP 30 PERCENT *
FROM 選課資料表
WHERE 課號='C005'
ORDER BY 成績 DESC

執行結果▶▶ 若未指明ASC或DESC，則系統自動選用ASC。

	學號	課號	成績
1	S0001	C005	73
2	S0003	C005	70

❈圖6-43

6-10
使用「群組化」

定義 ▸▸ 　利用SQL語言，我們可以將某些特定欄位的值相同的紀錄全部組合起來，以進行群組化。接著就可以在這個群組內求出各種統計分析。

語法 ▸▸ 　Group By 欄位1,欄位2,…,欄位n [Having 條件式]

　　1. Group By可單獨存在，它是將數個欄位組合起來，以作為每次動作的依據。

　　2. [Having 條件式]是將數個欄位以有條件的組合。它不可以單獨存在。

　　3. WHERE子句與HAVING子句之差別如表6-9。

❖表6-9　WHERE子句與HAVING子句之差別

	WHERE子句	HAVING子句
執行順序	GROUP BY之前	GROUP BY之後
聚合函數	不能使用聚合函數	可以使用

4. SQL的執行順序，如圖6-44。

①	FROM	指定所需表格，如兩個表格以上（含）先做卡氏積運算，再JOIN
	↓	
②	ON	資料表JOIN的條件
	↓	
③	[Inner | Left | Right]	Join資料表
	↓	
④	WHERE	找出符合指定條件的所有列，一般不含聚合函數
	↓	
⑤	GROUP BY	根據指定欄位來分群
	↓	
⑥	HAVING	找出符合指定條件的所有群組，都是利用聚合函數
	↓	
⑦	SELECT	指定欄位並輸出結果
	↓	
⑧	DISTINCT	列出不重複的紀錄
	↓	
⑨	ORDER BY	排序
	↓	
⑩	TOP N	列出前N筆紀錄

圖6-44 SQL的執行順序

6-10-1 GROUP BY欄位

定義▶▶ GROUP BY可單獨存在，它是將數個欄位組合起來，以作為每次動作的依據。

語法▶▶

SELECT 欄位1，欄位2，聚合函數運算
FROM 資料表
WHERE 過濾條件
GROUP BY 欄位1，欄位2

說明▶▶ 在SELECT的「非聚合函數」內容一定要出現在Group By中，因為先群組化才能SELECT。

範例 1

在「選課資料表」中，查詢每一位同學各選幾門科目（參見第6-1-2節）。

解答▶▶

SQL指令
use ch6_DB
SELECT 學號, Count(*) AS 選科目數
FROM 選課資料表
GROUP BY 學號

註：在SELECT所篩選的非聚合函數。例如：學號，一定會在GROUP BY後出現。

執行結果▶▶

	學號	選科目數
1	S0001	2
2	S0002	2
3	S0003	2
4	S0004	3
5	S0005	1

❈圖6-45

範 例 2

在「選課資料表」中計算每一位同學所修之科目的平均成績。

解答▶▶　（參見第6-2節）

SQL指令
use ch6_DB SELECT 學號, AVG(成績) AS 平均成績 FROM 選課資料表 **GROUP BY 學號**

執行結果▶▶

	學號	平均成績
1	S0001	64
2	S0002	77
3	S0003	81
4	S0004	77
5	S0005	NULL

❈圖6-46

6-10-2　HAVING條件式

定義▶▶　HAVING條件式是將數個欄位中以有條件的組合。它不可以單獨存在。

範 例 1

在「選課資料表」中，計算所修之科目的平均成績，將大於等於70分者顯示出來。

解答▶▶　💿 資料庫名稱：ch6-10.accdb

SQL指令
use ch6_DB SELECT 學號, AVG(成績) AS 平均成績 FROM 選課資料表 **GROUP BY 學號** **HAVING AVG(成績)>=70**

執行結果▸▸

❈圖6-47

範例 2

在「選課資料表」中，將選修課程在二科及二科以上的學生學號資料列出來。

解答▸▸ （參見第6-2節）

SQL指令
use ch6_DB
SELECT 學號, Count(*) AS 選修數目
FROM 選課資料表
GROUP BY 學號
HAVING COUNT(*)>=2

執行結果▸▸

❈圖6-48

WHERE子句與HAVING子句之差異

1. WHERE子句是針對尚未群組化的欄位來進行篩選。

2. HAVING子句則是針對已經群組化的欄位來取出符合條件的列。

6-11
使用「刪除重複」

定義▶▶ 利用DISTINCT指令來將所得結果有重複者去除重複。若有一學生選了3門課程，其學號只能出現一次。

6-11-1 ALL（預設）使查詢結果的紀錄可能重複

定義▶▶ 沒有利用DISTINCT指令。

範例▶▶ 在「選課資料表」中，將有選修課程的學生之「學號」、「課號」印出來。

解答▶▶

SQL指令
use ch6_DB
SELECT 學號, 課號
FROM 選課資料表

執行結果▶▶

	學號	課號
1	S0001	C001
2	S0001	C005
3	S0002	C002
4	S0002	C005
5	S0003	C004
6	S0003	C005
7	S0004	C003
8	S0004	C004
9	S0004	C005
10	S0005	C005

❈圖6-49

註：沒有利用DISTINCT指令時，產生重複出現的現象。

6-11-2 DISTINCT使查詢結果的紀錄不重複出現

定義▶▶ 如果使用DISTINCT子句，則可以將所指定欄位中重複的資料去除掉之後再顯示。指定欄位的時候，可以指定一個以上的欄位，但是必須使用「,（逗點）」來區隔欄位名稱。

DISTINCT的注意事項

1. 不允許配合COUNT(*)使用。

2. 允許配合COUNT（屬性）使用。

3. 對於MIN()與MAX()是沒有作用的。

範例▸▸ 在「選課資料表」中，將有選修課程的學生之「學號」印出來。

解答▸▸

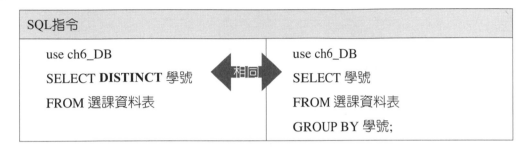

SQL指令	
use ch6_DB SELECT **DISTINCT** 學號 FROM 選課資料表	use ch6_DB SELECT 學號 FROM 選課資料表 GROUP BY 學號;

執行結果▸▸

	學號
1	S0001
2	S0002
3	S0003
4	S0004
5	S0005

❇圖6-50

註：利用DISTINCT指令時，刪除重複的現象。如果沒有指定DISTINCT指令時，則預設
值為ALL，其查詢結果會重複。

MTA 題庫解析

(　C　) 1. Product資料表包含下列資料。

ID	Name	Quantity
1234	Spoon	33
2615	Fork	17
3781	Plate	20
4589	Cup	51

您執行下列陳述式：

　　SELECT COUNT(＊)

　　FROM Product

　　Where　Quantity>18

此陳述式傳回的值是什麼？

(A)1　　　　　　　　　　　　　(B)2

(C)3　　　　　　　　　　　　　(D)4

解析 記錄筆數（Count）：COUNT函數是用來計算符合條件式的橫列記錄之筆數。

(　D　) 2. 若要傳回符合特定條件的資料列，您必須在SELECT陳述式中使用哪個關鍵字？

(A)FROM　　　　　　　　　　 (B)ORDER BY

(C)UNION　　　　　　　　　　 (D)WHERE

解析 SQL的基本語法

```
SELECT 欄位名稱
FROM 資料表名稱
WHERE <條件式>
```

(A) 3. 您正在撰寫SELECT陳述式，以尋找名稱中包含特定字元的每個產品。您應
該在WHERE子句中使用哪個關鍵字？
(A)LIKE　　　　　　　　　(B)FIND
(C)BETWEEN　　　　　　　(D)INCLUDES

解析 Like模糊相似條件：

1. WHERE 姓名 Like '李%'
意義：查詢姓名開頭為'李'的所有學生資料。

2. WHERE 姓名 Like '%李'
意義：查詢姓名結尾為'李'的所有學生資料。

3. WHERE 姓名 Like '%李%'
意義：查詢姓名含有'李'的所有學生資料。

(D) 4. 您有一個名為Customer的資料表，該資料表有名為CustomerID、FirstName
和DateJoined的資料行。CustomerID是主索引鍵。
您執行下列陳述式：
　　SELECT CustomerID、FirstName、DateJoined FROM Customer
資料列在結果集中式以哪種方式組織？
(A)沒有可預測的順序　　　　(B)依FirstName以字母順序排序
(C)依DateJoined以時間順序排序 (D)依資料列的插入順序排序

解析 依資料列的插入順序排序。

MTA

題庫解析

(B) 5. 您有一個名為Employee的資料表，包含下列資料行：

EmployeeID

EmployeeName

若要傳回資料表中的資料列數目，您應該使用哪個陳述式？

(A)SELECT COUNT(rows) FROM Employee

(B)SELECT COUNT(*) FROM Employee

(C)SELECT * FROM Employee

(D)SELECT SUM(*) FROM Employee

解析　聚合函數表

聚合函數	說明
Count(*)	計算個數函數
Count(欄位名稱)	計算該欄位名稱之不具NULL值列的總數
Avg	計算平均函數
Sum	計算總和函數
Max	計算最大值函數
Min	計算最小值函數

【範例】在「學生資料表」中查詢目前選修課程的全班人數。

SELECT Count(*) AS 全班人數

FROM 學生資料表

【查詢結果】

(A) 6. 您有一個名為Employee的資料表，它包含四個資料行。您執行下列陳述式：

SELECT *

FROM Employee

會傳回哪些資料行？

(A)所有資料行   (B)僅第一個資料行

(C)僅最後一個資料行   (D)僅第一個和最後一個資料行

解析 如果沒有指定欄位的話，我們可以直接利用星號「*」代表所有的欄位名稱。

```
SELECT 欄位名稱
FROM 資料表名稱
WHERE <條件式>
```

(E) 7. 您有下列資料表定義：

CREATE TABLE Product

(ID INTEGER   PRIMARY KEY，

     Name VARCHAR(20)，

     Quantity INTEGER)

Product資料表包含下列資料

ID	Name	Quantity
1234	Ap	les
33	2615	Oranges
0	3781	Pears
29	4589	Plums

您執行下列陳述式：

SELECT Name FROM Product WHERE Quantity IS NOT NULL

會傳回多少資料列？

(A)0   (B)1

(C)2   (D)3

(E)4

解析 IS NOT NULL（非空值）。

(D) 8. 您需要列出每個產品的名稱和價格，按最高到最低價格排序。
您應該使用哪一個陳述式？

(A)SELECT Name, TOP Price FROM Product

(B)SELECT Name, BOTTOM Price FROM Product

(C)SELECT Name, Price FROM Product ORDER BY Price ASC

(D)SELECT Name, Price FROM Product ORDER BY Price DESC

解析

排序指令	說明
ORDER BY 成績 Asc	Asc➜可以省略（由小至大）
ORDER BY 成績 Desc	Desc➜不可以省略（由大至小）

(B,C) 9. 下列哪些敘述可以從student資料表傳回編號(id)為10或31的學生姓名
(name)？（請選擇兩個答案）

(A)SELECT name FROM students WHERE id>10 AND id < 31

(B)SELECT name FROM students WHERE id IN(10,31)

(C)SELECT name FROM students WHERE id=10 OR id = 31

(D)SELECT name FROM students WHERE id=10 OR 31

解析 【定義】IN為集合運算子，只要符合集合之其中一個元素，將會被選取。

【使用時機】篩選的對象是兩個或兩個以上。

【範例】

在「選課資料表」中查詢學生任選一個「課號為'C004'或課號為'C005'」的學
生的「學號、課號及成績」。

SQL指令
use ch7_DB
SELECT 學號, 課號, 成績
FROM 選課資料表
WHERE 課號 In('C004','C005')

使用IN時可以在括號中設定好幾個值

註：以上的WHERE課程代號In ('C004','C005')亦可寫成如下：

> WHERE 課程代號='C004'
>   OR 課程代號='C005'

(B) 10.LIKE關鍵字可以選取欄位值與指定的部分字串相符的資料列，請問下列敘述何者可以傳回student資料表內，姓氏以L開頭的所有學生姓名(name)？
  (A)SELECT * FROM students WHERE name LIKE`L`
  (B)SELECT * FROM students WHERE name LIKE`L%`
  (C)SELECT * FROM students WHERE name LIKE`&L`
  (D)SELECT students WHERE name LIKE`L%`

解析 Like模糊相似條件：

1. WHERE 姓名 Like '李%'
   意義：查詢姓名開頭為'李'的所有學生資料。

2. WHERE 姓名 Like '%李'
   意義：查詢姓名結尾為'李'的所有學生資料。

3. WHERE 姓名 Like '%李%'
   意義：查詢姓名含有'李'的所有學生資料。

(C) 11.ORDER BY子句可將查詢結果依據欄位值來排序，請問最多可以用幾個欄位來排序？
  (A)只有一個　　　　　　(B)4個
  (C)16個　　　　　　　　(D)256個

解析 Order By 欄位1,欄位2,…,欄位n [Asc|Desc]
其中n最大值為16。

(B) 12.請問SELECT敘述中，若包含ORDER BY子句、FROM、WHERE，此時
ORDER BY子句該如何使用？
(A)ORDER BY子句必須是SELECT敘述的第一個關鍵字
(B)ORDER BY子句必須放在WHERE子句之後
(C)ORDER BY子句必須放在FROM子句之後
(D)SQL Server會依據關鍵字的意思來解釋SELECT敘述，因此關鍵字的排
序並不重要

解析 SQL的基本語法

> SELECT[* | DISTINCT | Top n] <欄位串列> [INTO 新資料表]
> FROM (資料表名稱{<別名>} | JOIN 資料表名稱)
> [WHERE <條件式>]
> [GROUP BY <群組欄位>]
> [HAVING <群組條件>]
> [ORDER BY <欄位>[ASC | DESC]]

(D) 13.下列敘述何者可用來計算student表格的列數？
(A)SELECT ROWCOUNT FROM student
(B)SELECT Count Rows FROM student
(C)SELECT TOTALROWS FROM student
(D)SELECT COUNT(*) FROM student

解析

聚合函數	說明
Count(*)	計算個數函數
Count(欄位名稱)	計算該欄位名稱之不具NULL值列的總數

(A) 14.在SELECT敘述中的GROUP BY子句,可以和哪個子句組合使用?
  (A)HAVING子句　　　　　　　　(B)COUNTED子句
  (C)互相關聯的子句　　　　　　　(D)COMPUTING子句

解析　SQL的基本語法

> SELECT[* | DISTINCT | Top n] <欄位串列> [INTO 新資料表]
>
> FROM (資料表名稱{<別名>} | JOIN 資料表名稱)
>
> [WHERE <條件式>]
>
> [GROUP BY <群組欄位>]
>
> [HAVING <群組條件>]
>
> [ORDER BY <欄位>[ASC | DESC]]

【範例】

在「選課資料表」中,查詢每一位同學各選幾門科目。

> SELECT 學號,Count (*) AS 選科目數
>
> FROM 選課資料表
>
> GROUP BY 學號

	學號	課號	成績	
#1	S0001	C001	56	
#2	S0001	C005	73	
#3	S0002	C002	92	
#4	S0002	C005	63	
#5	S0003	C004	92	
#6	S0003	C005	70	
#7	S0004	C003	75	
#8	S0004	C004	88	
#9	S0004	C005	68	
#10	S0005	C005	NULL	

結果 | 訊息

	學號	選科目數
1	S0001	2
2	S0002	2
3	S0003	2
4	S0004	3
5	S0005	1

(B) 15.下列哪個關鍵字可以避免在查詢結果的欄位值中，沒有重複的值？
(A)UNIQUE　　　　　　　　(B)DISTINCT
(C)NOT SAME　　　　　　　(D)ONLY

解析 利用Distinct指令來將所得結果有重複者去除重複。

若有一學生選了3門課程，其學號只能出現一次。

沒有利用Distinct指令	利用Distinct指令
結果 訊息 　｜學號｜課號｜ 1｜S0001｜C001 2｜S0001｜C005 3｜S0002｜C002 4｜S0002｜C005 5｜S0003｜C004 6｜S0003｜C005 7｜S0004｜C003 8｜S0004｜C004 9｜S0004｜C005 10｜S0005｜C005	結果 訊息 　｜學號｜ 1｜S0001 2｜S0002 3｜S0003 4｜S0004 5｜S0005

(C) 16.您正在撰寫SQL陳述式來從資料表擷取資料列。您應該使用哪個資料操作
語言(DML)命令？
(A)GET　　　　　　　　　　(B)READ
(C)SELECT　　　　　　　　(D)OUTPUT

解析 資料操作語言（Data Manipulation Language; DML）可以讓使用者對資料表記
錄進行新增、修改、刪除及查詢等功能。
1. INSERT（新增）
2. UPDATE（修改）
3. DELETE（刪除）
4. SELECT（查詢）

CHAPTER 7

合併理論

本章學習目標

讓讀者瞭解兩個及兩個以上資料表如何進行查詢的動作。

本章內容

7-1 關聯式代數運算子

在關聯式代數中，有**八種不同的運算子**。例如：**聯集、差集、交集**及比較複雜的**卡氏積、合併**及**除法**。如表7-1所示。

表7-1 關聯式代數運算子

運算子		意義
非集合運算子	σ	限制（Restrict）
	π	投影（Project）
	×	卡氏積（Cartesian Product）
	⋈	合併（Join）
	÷	除法（Division）
集合運算子	∪	聯集（Union）
	∩	交集（Intersection）
	−	差集（Difference）

7-2 非集合運算子

基本上，**非集合運算子**有**五種**：

1. 限制（Restrict）

2. 投影（Project）

3. 卡氏積（Cartesian Product）

4. 合併（Join）

5. 除法（Division）

7-3 限制（Restrict）

定義▶▶ 是指在關聯表中**選取符合某些條件**的值組（紀錄），然後另成一個新的關聯表。

代表符號▶▶ σ（唸成sigma）

假設▶▶ P為選取的**條件**，則以$\sigma_p(R)$代表此運算。其結果為原關聯表R紀錄的「**水平**」子集合。

關聯式代數▶▶ $\sigma_{條件}(關聯表)$

SQL語法▶▶

關聯表 Where 條件

其中「**條件**」可用**邏輯運算子**（AND、OR、NOT）來組成。

概念圖▶▶

從關聯表R中選取符合條件（Predicate）P的值組。其結果為原關聯表R紀錄的「水平」子集合。如圖7-1所示：

R

A	B
a1	b1
a2	b2
a3	b3
a4	b4

$\sigma_P(R)$

A	B
a1	b1
a3	b3

P =

❈圖7-1

對應SQL語法▶▶

SELECT 屬性集合
FROM 關聯表 R
WHERE 選取符合條件 P //水平篩選

實例 ▶▶　請在下列的學生選課表中，找出課程「學分數」為3的紀錄。

	學號	姓名	課號	課程名稱	學分數
#1	S0001	張三	C001	MIS	3
#2	S0002	李四	C005	XML	2
#3	S0003	王五	C002	DB	3
#4	S0004	林六	C004	SA	3

❈圖7-2

解答 ▶▶　以SQL達成關聯式代數的運算功能。

關聯式代數	SQL
$\sigma_{學分數=3}$(學生選課表)　　　相當於 ▶	SELECT * FROM 學生選課表 WHERE **學分數=3**

執行結果 ▶▶

	學號	姓名	課號	課程名稱	學分數
#1	S0001	張三	C001	MIS	3
#2	S0003	王五	C002	DB	3
#3	S0004	林六	C004	SA	3

❈圖7-3

7-4 投影（Project）

定義 是指在關聯表中**選取想要的欄位**（屬性），然後另成一個新的關聯表。

代表符號 π（唸成pai）

假設 關聯表R中選取想要的欄位為A1、A2、A3、…、An，則以$\pi_{A1,A2,A3\cdots An}(R)$表示此投影運算。其結果為原關聯表R的**「垂直」子集合**。

關聯式代數 $\pi_{欄位}$(關聯表)

SQL語法

```
SELECT 欄位 FROM 關聯表
```

其中「**欄位**」可以**由數個欄位所組成**。

概念圖

從關聯表R中選取想要的欄位。其結果為原關聯表R紀錄的**「垂直」子集合**。如圖7-4所示：

R

A	B	C
a1	b1	c1
a2	b2	c2
a3	b3	c3
a4	b4	c4

=

$\pi_{欄位}$(R)

A	C
a1	c1
a2	c2
a3	c3
a4	c4

圖7-4

格式

```
SELECT 欄位集合          //垂直篩選
FROM 資料表名稱R
```

範例▶▶ 請在圖7-5的學生選課表中，找出學生「姓名」與「課程名稱」。

	學號	姓名	課號	課程名稱	學分數
#1	S0001	張三	C001	MIS	3
#2	S0002	李四	C005	XML	2
#3	S0003	王五	C002	DB	3
#4	S0004	林六	C004	SA	3

❇圖7-5

解答▶▶ 以SQL達成關聯式代數的運算功能

關聯式代數	SQL
$\pi_{姓名,課程名稱}(學生選課表)$　相當於	SELECT 姓名,課程名稱 FROM 學生選課表

執行結果▶▶

	姓名	課程名稱
#1	張三	MIS
#2	李四	XML
#3	王五	DB
#4	林六	SA

❇圖7-6

7-5 卡氏積（Cartesian Product）

定義 是指將兩關聯表R1與R2的紀錄利用集合運算中的「乘積運算」形成新的關聯表R3。**卡氏積（Cartesian Product）**也稱**交叉乘積**（Cross Product），或稱**交叉合併**（Cross Join）。

代表符號 ×

假設 R1有r1個屬性、m筆紀錄；R2有r2個屬性、n筆紀錄；則R3會有**（r1＋r2）個屬性、（m×n）筆紀錄**。

關聯式代數 R3=R1×R2

SQL語法

```
SELECT *
FROM R1, R2
```

概念圖

R1有r1個屬性、m筆紀錄；R2有r2個屬性、n筆紀錄；則R3會有（r1＋r2）個屬性、（m×n）筆紀錄。如圖7-7所示：

R1

A	B
a1	b1
a2	b2
a3	b3

×

R2

X	Y
x1	y1
x2	y2

＝

R3＝R1×R2

A	B	X	Y
a1	b1	x1	y1
a2	b2	x1	y1
a3	b3	x1	y1
a1	b1	x2	y2
a2	b2	x2	y2
a3	b3	x2	y2

圖7-7

【格式1】	【格式2】
SELECT * FROM **R1, R2**	SELECT * FROM **R1 CROSS JOIN R2**

範例 ▶▶|　請在下列的「學生表」與「課程表」中，找出學生表與課程表的所有可能配對的集合？

學生表(R1)

	學號	姓名	課號
#1	S0001	張三	C001
#2	S0002	李四	C002

課程表(R2)

課號	課名	學分數
C001	MIS	3
C002	DB	3
C003	VB	2

❇圖7-8

分析 ▶▶|　已知：**學生表R1**（學號，姓名，課號）

　　　　　　課程表R2（課號，課名，學分數）

兩個資料表的「**卡氏積**」，可以表示為：

> **學生表R1 (學號，姓名，課號) × 課程表R2 (課號，課名，學分數) = 新資料表R3**

① R1有（r1=3）個屬性、（m=2）筆紀錄。

② R2有（r2=3）個屬性、（n=3）筆紀錄。

③ **R3會有（r1＋r2）個屬性=6個屬性。**

④ 新資料表R3（學號，姓名，學生表.課號，課程表.課號，課名，學分數）。

⑤ R3會有（m×n）筆紀錄=6筆紀錄。

在資料紀錄方面，每一位學生（2位）均會對應到每一門課程資料（3門），亦即二位學生資料，產生（2×3）=6筆紀錄。如圖7-9所示：

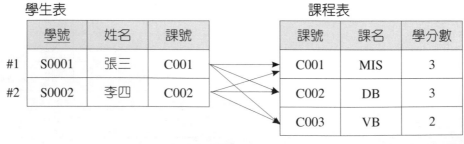

❇圖7-9

因此，「學生表」與「課程表」在經過「卡氏積」之後，共會產生6筆紀錄，如圖7-10所示：

	「學生表」的屬性			「課程表」的屬性		
	學號	姓名	學生表.課號	課程表.課號	課名	學分數
#1	S0001	張三	C001	C001	MIS	3
#2	S0001	張三	C001	C002	DB	3
#3	S0001	張三	C001	C003	VB	2
#4	S0002	李四	C002	C001	MIS	3
#5	S0002	李四	C002	C002	DB	3
#6	S0002	李四	C002	C003	VB	2

（#1~#3：每一位學生對應三門課程）

�֍ 圖7-10

從圖7-10所產生的**六筆紀錄中**，不知您是否有發現，**有一些不太合理的紀錄**。例如：「張三」只選修課號C001的課程，但是卻多出兩筆不相關的紀錄（C002、C003）。因此，如何從「卡氏積」所展開的全部組合中，挑選出合理的紀錄，就必須要再透過下一章節所要介紹的「**內部合併（Inner Join）**」來完成。

撰寫「關聯式代數」與「SQL」

關聯式代數	SQL
(1) 學生表 × 課程表 ➡	**第一種方法** SELECT * FROM 學生表,課程表

(2) 學生表
  CROSS JOIN 課程表 ➡
	第二種方法
	SELECT *
	FROM 學生表
	  CROSS JOIN 課程表

7-6
合併（Join）

●●●●●

定義▶▶|　是指將兩關聯表R1與R2依合併條件合併成一個新的關聯表R3。

表示符號▶▶|　⋈

假設▶▶|　假設**P為合併條件**，以R1 ⋈ ₚR2表示此合併運算。

關聯式代數▶▶|　R3= R1 ⋈ ₚR2

SQL語法▶▶|

```
SELECT  *
FROM  R1, R2
WHERE 條件P
```

概念圖▶▶|

由兩個或兩個以上的關聯表，透過某一欄位的**共同值域所組合**而成，以建立出一個新的資料表。如圖7-11所示：

R1

A	B	C
A1	B1	C1
A2	B2	C1
A3	B3	C2

(a)

R2

C	D	E
C1	D1	E1
C2	D2	E2

(b)

R1 ⋈ R2 = R3

R1.A	R1.B	R1.C	R2.D	R2.E
A1	B1	C1	D1	E1
A2	B2	C1	D1	E1
A3	B3	C2	D2	E2

(c)

✿圖7-11

合併的分類

　　廣義而言，合併可分為「來源合併」與「結果合併」兩種。

來源合併：（需要F.K.→P.K.）

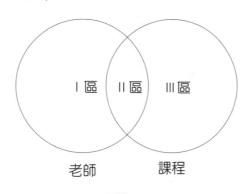

❈圖7-12

1. **Inner Join（內部合併）**

　　如果查詢目前老師**有開設的課程**，則會使用到「**內部合併**」。如圖7-12中的Ⅱ區。

2. **Outer Join（外部合併）**

　(1) 如果要查詢**尚未開課的老師**，則會使用到「**左外部合併**」。如圖7-12中的Ⅰ區。

　(2) 如果查詢有**哪些課程尚未被老師開課**，則會使用到「**右外部合併**」。如圖7-12中的Ⅲ區。

3. **Join Itself（自我合併）**

結果合併：（不需要F.K.→P.K.）

1. Cross Join（卡氏積）

2. Union（聯集）

3. Intersect（交集）

4. Except（差集）

7-6-1 內部合併（Inner Join）

定義▶▶ 內部合併（Inner Join）又稱為「**條件式合併（Condition Join）**」，也就是說，將「**卡氏積**」展開後的結果，在兩個資料表之間**加上「限制條件」**，亦即在**兩個資料表之間找到「對應值組」才行**；而外部合併（Outer Join）則無此規定。

這裡所指的「**限制條件**」是指兩個資料表之間的某一欄位值的「**關係比較**」。如表7-2所示：

✥ 表7-2　資料表關係比較運算子

運算子	條件式說明
＝（等於）	學生表.課號=課程表.課號
<>（不等於）	學生成績單.成績<>60
<（小於）	學生成績單.成績<60
<=（小於等於）	學生成績單.成績<=60
>（大於）	學生成績單.成績>60
>=（大於等於）	學生成績單.成績>=60

作法▶▶ 1. 透過SELECT指令WHERE部分的等式，即**對等合併（Equi-Join）**。

```
FROM A ,B
WHERE (A.c=B.c)
```

2. 透過SELECT指令FROM部分的INNER JOIN。即自然合併（Natural Join）；又稱為**內部合併（Inner Join）**。

```
FROM A INNER JOIN B
ON A.c=B.c
```

範例▶▶ 假設有兩個資料表，分別是「學生表」與「課程表」，現在欲將這兩個資料表進行「內部合併」，因此，我們必須要透過相同的欄位值來進行關聯，亦即「學生表」的「課號」**參考到**「課程表」的「課號」，如圖7-13所示：

✥ 圖7-13

分析 ▸▸ 從圖7-13中，我們就可以將此條**關聯線條**寫成：

> **學生表.課號＝課程表.課號**

因此，我們將這兩個資料表進行「卡氏積」運算，其結果如圖7-14所示，接下來，從展開後的紀錄中，找尋哪幾筆紀錄**具有符合「學生表.課號＝課程表.課號」的條件**，亦即「學生表」的「課號」等於「課程表」的「課號」。

	學號	姓名	學生表.課號	課程表.課號	課名	學分數
#1	S0001	張三	C001	C001	MIS	3
#2	S0001	張三	C001	C002	DB	3
#3	S0001	張三	C001	C003	VB	2
#4	S0002	李四	C002	C001	MIS	3
#5	S0002	李四	C002	C002	DB	3
#6	S0002	李四	C002	C003	VB	2

「學生表」的屬性　　　「課程表」的屬性　　　每一位學生對應三門課程

✽圖7-14

撰寫SQL程式碼 ▸▸

1. 第一種作法：（**Equi-Join最常用**）

```
SELECT 學號,姓名,課程表.課號,課程名稱,學分數
FROM 學生表,課程表
WHERE 學生表.課號=課程表.課號
```

2. 第二種作法：INNER JOIN

```
SELECT 學號,姓名,課程表.課號,課程名稱,學分數
FROM 學生表 INNER JOIN 課程表
ON 學生表.課號=課程表.課號
```

執行結果 ▸▸

	學號	姓名	課號	課名	學分數
#1	S0001	張三	C001	MIS	3
#2	S0002	李四	C002	DB	3

✽圖7-15

綜合分析 ▶▶

當我們欲查詢的欄位名稱是來自於兩個或兩個以上的資料表時（如下表所示）：

學生資料表	選課資料表

則必須要進行以下的分析：

步驟1 ▶▶ 辨識「目標屬性」及「相關表格」。

```
學生資料表(學號，姓名，系碼)
            ↑?        ?
選課資料表(學號，課號，成績)
                        ?
```

1. **目標屬性：學號, 姓名, 平均成績**

2. **相關表格：學生資料表, 選課資料表**

步驟2 ▶▶ 將相關表格進行「卡氏積」。

```
use ch7_DB
SELECT *
FROM 學生資料表 AS A, 選課資料表 AS B
```

執行結果 ▶▶ 總共產生20筆記錄及6個欄位數。

	學號	姓名	系碼	學號	課號	成績
1	S0001	張三	D001	S0001	C001	67
2	S0001	張三	D001	S0002	C004	89
3	S0001	張三	D001	S0003	C002	90
4	S0001	張三	D001	S0001	C002	85
5	S0001	張三	D001	S0001	C003	100
6	S0002	李四	D001	S0001	C001	67
7	S0002	李四	D001	S0002	C004	89
8	S0002	李四	D001	S0003	C002	90
9	S0002	李四	D001	S0001	C002	85
10	S0002	李四	D001	S0001	C003	100
11	S0003	王五	D002	S0001	C001	67
12	S0003	王五	D002	S0002	C004	89
13	S0003	王五	D002	S0003	C002	90
14	S0003	王五	D002	S0001	C002	85
15	S0003	王五	D002	S0001	C003	100
16	S0004	李安	D003	S0001	C001	67
17	S0004	李安	D003	S0002	C004	89
18	S0004	李安	D003	S0003	C002	90
19	S0004	李安	D003	S0001	C002	85
20	S0004	李安	D003	S0001	C003	100

✿圖7-16

步驟3 ▶▶ 進行「**合併（Join）**」；本題以「**內部合併**」為例，亦即在WHERE中加入「相關表格」的**關聯性**。

```
use ch7_DB
SELECT *
FROM 學生資料表 AS A, 選課資料表 AS B
WHERE A.學號=B.學號
```

執行結果 ▶▶ 產生5筆紀錄。

	學號	姓名	系碼	學號	課號	成績
1	S0001	張三	D001	S0001	C001	67
2	S0002	李四	D001	S0002	C004	89
3	S0003	王五	D002	S0003	C002	90
4	S0001	張三	D001	S0001	C002	85
5	S0001	張三	D001	S0001	C003	100

✿圖7-17

步驟4▶▶ 加入限制條件（成績大於或等於70分者）。

```
use ch7_DB
SELECT *
FROM 學生資料表 AS A, 選課資料表 AS B
WHERE A.學號=B.學號
And B.成績>=70
```

執行結果▶▶ 產生4筆紀錄。

	學號	姓名	系碼	學號	課號	成績
1	S0001	張三	D001	S0001	C002	85
2	S0001	張三	D001	S0001	C003	100
3	S0002	李四	D001	S0002	C004	89
4	S0003	王五	D002	S0003	C002	90

❀圖7-18

步驟5▶▶ 投影使用者欲「輸出的欄位名稱」。

```
use ch7_DB
SELECT  A.學號, 姓名, 課號, 成績
FROM 學生資料表 AS A, 選課資料表 AS B
WHERE A.學號=B.學號
And B.成績>=70
```

執行結果▶▶

	學號	姓名	課號	成績
1	S0001	張三	C002	85
2	S0001	張三	C003	100
3	S0002	李四	C004	89
4	S0003	王五	C002	90

❀圖7-19

步驟6▶▶ 使用群組化及聚合函數。

```
use ch7_DB
SELECT  A.學號, 姓名, AVG(成績) AS 平均成績
FROM 學生資料表 AS A, 選課資料表 AS B
WHERE A.學號=B.學號 And B.成績>=70
GROUP BY A.學號, 姓名
```

執行結果▶▶

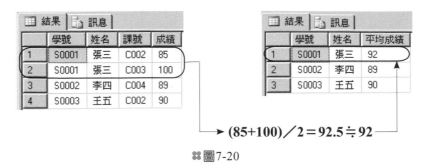

➤ (85+100)／2＝92.5≒92

❈圖7-20

步驟7▶▶ 使用「聚合函數」之後,再進行**篩選條件**(各人平均成績大於或等於90分
者)。

```
use ch7_DB
SELECT   A.學號, 姓名, AVG(成績) AS 平均成績
FROM 學生資料表 AS A, 選課資料表 AS B
WHERE A.學號=B.學號 And B.成績>=70
GROUP BY A.學號, 姓名
HAVING AVG(成績)>=70
```

執行結果▶▶

❈圖7-21

步驟8▶▶ 依照某一欄位或「聚合函數」結果,來進行「**排序**」(由低分到高分)。

```
use ch7_DB
SELECT   A.學號, 姓名, AVG(成績) AS 平均成績
FROM 學生資料表 AS A, 選課資料表 AS B
WHERE A.學號=B.學號 And B.成績>=60
GROUP BY A.學號, 姓名
HAVING AVG(成績)>=70
ORDER BY AVG(成績) DESC;
```

執行結果▶▶

❏圖7-22

結論▶▶「學生表」與「課程表」在經過「卡氏積」之後，會展開成各種組合，並產生
龐大紀錄，但**大部分都是不太合理的配對組合**。

所以，我們就必須要**再透過「內部合併（Inner Join）」來取出符合「限制條
件」的紀錄**。因此，我們從上面的結果，可以清楚得知「內部合併」的結果
就是「卡氏積」的子集合。如圖7-23所示：

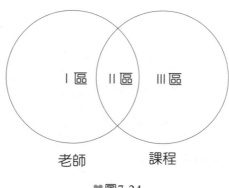

❏圖7-23

7-6-2　外部合併（Outer Join）

定義▶▶ 當在進行合併（Join）時，**不管紀錄是否符合條件，都會被列出**其中一個資料
表的所有紀錄時，則稱為「**外部合併**」。此時不符合條件的紀錄就會被預設
為NULL值。即左右兩邊的關聯表，不一定要有對應值組。

用途▶▶ 是應用在**異質性分散式資料庫**上的整合運算，其好處是不會讓資訊遺漏。

分類▶▶ 可分為三種：

❏圖7-24

(一) 左外部合併（Left Outer Join，以 ⟕ 表示）。

範例 ▶▶ 　如果要查詢**尚未開課的老師**，則會使用到「左外部合併」。

　　　　　如圖7-24中的 I 區。

(二) 右外部合併（Right Outer Join，以 ⟖ 表示）。

範例 ▶▶ 　如果查詢有**哪些課程尚未被老師開課**，則會使用到「右外部合併」。

　　　　　如7-24圖中的 III 區。

(三) 完全外部合併（Full Outer Join，以 ⟗ 表示）。

格式 ▶▶

```
SELECT  *
FROM 表格A [RIGHT | LEFT | FULL] [OUTER ][JOIN] 表格B
  ON  表格A.PK=表格B.FK
```

範例 1　左外部合併

　　假設有兩個資料表，分別是「老師資料表」與「課程資料表」，現在欲查詢每一位老師開課資料，其中包括**尚未開課的老師也要列出**。如圖7-25所示：

	老師資料表(A)			課程資料表(B)		
	老師編號	老師姓名		課程代碼	課程名稱	老師編號
#1	T0001	張三		C001	資料庫	T0001
#2	T0002	李四		C002	資料結構	T0001
#3	T0003	王五		C003	程式設計	NULL
#4	T0004	李安		C004	系統分析	NULL

❀圖7-25

分析▶▶　當兩個關聯做合併運算時，會**保留第一個關聯（左邊）中的所有值組**（Tuples）。**找不到相匹配的值組時，必須填入NULL（空值）**。

老師資料表(A)　　　　　　　　　　　課程資料表(B)

	老師編號	老師姓名
#1	T0001	張三
#2	T0002	李四
#3	T0003	王五
#4	T0004	李安

課程代碼	課程名稱	老師編號
C001	資料庫	T0001
C002	資料結構	T0001
C003	程式設計	NULL
C004	系統分析	NULL

左外部合併

❖圖7-26

利用SQL Server 2008執行結果如圖7-27：

	老師編號	老師姓名	課程代碼	課程名稱	老師編號
1	T0001	張三	C001	資料庫	T0001
2	T0001	張三	C002	資料結構	T0001
3	T0002	李四	NULL	NULL	NULL
4	T0003	王五	NULL	NULL	NULL
5	T0004	李安	NULL	NULL	NULL

❖圖7-27

撰寫SQL程式碼▶▶

SQL指令
use ch7_DB
SELECT *
FROM 老師資料表 AS A **LEFT JOIN** 課程資料表 AS B
ON A.老師編號＝B.老師編號

範例2 左外部合併

假設有兩個資料表，分別是「老師資料表」與「課程資料表」，請撰寫出**尚未開課的老師**的SQL指令。

老師資料表(A)

	老師編號	老師姓名
#1	T0001	張三
#2	T0002	李四
#3	T0003	王五
#4	T0004	李安

課程資料表(B)

課程代碼	課程名稱	老師編號
C001	資料庫	T0001
C002	資料結構	T0001
C003	程式設計	NULL
C004	系統分析	NULL

圖7-28

分析 1. 利用圖解說明

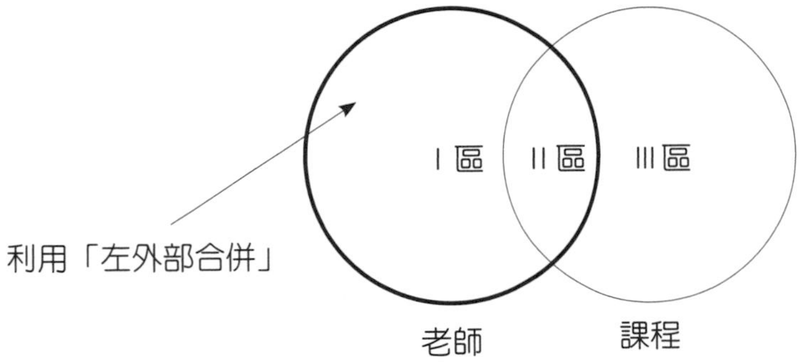
I區
II區
III區
利用「左外部合併」
老師
課程

圖7-29

撰寫SQL程式碼

```
use ch7_DB
SELECT A.老師編號,A.老師姓名
FROM 老師資料表 AS A LEFT OUTER JOIN 課程資料表 AS B
 ON A.老師編號=B.老師編號
WHERE  B.老師編號 IS NULL
```

執行結果

結果 | 訊息

	老師編號	老師姓名
1	T0002	李四
2	T0003	王五
3	T0004	李安

圖7-30

範例 3 右外部合併

假設有兩個資料表，分別是「老師資料表」與「課程資料表」，現在欲查詢每一門課程資料，其中包括**尚未被老師開課的課程也要列出**。如圖7-31所示：

老師資料表(A)

	老師編號	老師姓名
#1	T0001	張三
#2	T0002	李四
#3	T0003	王五
#4	T0004	李安

課程資料表(B)

課程代碼	課程名稱	老師編號
C001	資料庫	T0001
C002	資料結構	T0001
C003	程式設計	NULL
C004	系統分析	NULL

圖7-31

分析 ▶▶| 當兩個關聯做合併運算時，會保留第二個關聯（右邊）中的所有值組（Tuples）。找不到相匹配的值組時，必須填入NULL（空值）。

老師資料表(A)

	老師編號	老師姓名
#1	T0001	張三
#2	T0002	李四
#3	T0003	王五
#4	T0004	李安

課程資料表(B)

課程代碼	課程名稱	老師編號
C001	資料庫	T0001
C002	資料結構	T0001
C003	程式設計	NULL
C004	系統分析	NULL

右外部合併

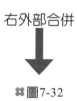

圖7-32

利用SQL Server 2008執行結果如圖7-33：

結果 | 訊息

	老師編號	老師姓名	課程代碼	課程名稱	老師編號
1	T0001	張三	C001	資料庫	T0001
2	T0001	張三	C002	資料結構	T0001
3	NULL	NULL	C003	程式設計	NULL
4	NULL	NULL	C004	系統分析	NULL

圖7-33

撰寫SQL程式碼

SQL指令
use ch7_DB SELECT * FROM 老師資料表 AS A **RIGHT JOIN** 課程資料表 AS B **ON A.老師編號=B.老師編號** ORDER BY B.課程代碼

範例 4 右外部合併

假設有兩個資料表，分別是「老師資料表」與「課程資料表」，請撰寫找出哪些**課程尚未被老師開課**的SQL指令。

老師資料表(A)

	老師編號	老師姓名
#1	T0001	張三
#2	T0002	李四
#3	T0003	王五
#4	T0004	李安

課程資料表(B)

課程代碼	課程名稱	老師編號
C001	資料庫	T0001
C002	資料結構	T0001
C003	程式設計	NULL
C004	系統分析	NULL

圖7-34

解析 利用圖解說明：

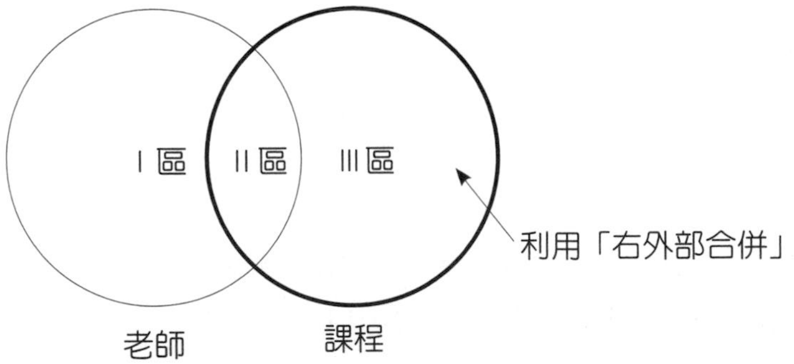

圖7-35

撰寫SQL程式碼 ▶▶

```
use ch7_DB
SELECT B.課程代碼,B.課程名稱
FROM 老師資料表 AS A  RIGHT OUTER JOIN 課程資料表 AS B
 ON A.老師編號=B.老師編號
WHERE A.老師編號 IS NULL
```

執行結果 ▶▶

	課程代碼	課程名稱
1	C003	程式設計
2	C004	系統分析

❖圖7-36

範例 5　全外部合併

假設有兩個資料表，分別是「老師資料表」與「課程資料表」，現在欲查詢每一位老師開課資料，其中包括**尚未開課的老師也要列出**，並且也查詢每一門課程資料，**其中包括尚未被老師開課的課程也要列出**。如圖7-37所示：

老師資料表(A)

	老師編號	老師姓名
#1	T0001	張三
#2	T0002	李四
#3	T0003	王五
#4	T0004	李安

課程資料表(B)

課程代碼	課程名稱	老師編號
C001	資料庫	T0001
C002	資料結構	T0001
C003	程式設計	NULL
C004	系統分析	NULL

❖圖7-37

分析 ▶▶ 當兩個關聯做合併運算時，會保留左右兩邊關聯中的所有值組（Tuples）。找不到相匹配的值組時，必須填入NULL（空值）。

老師資料表(A)			課程資料表(B)		
老師編號	老師姓名		課程代碼	課程名稱	老師編號
T0001	張三		C001	資料庫	T0001
T0002	李四		C002	資料結構	T0001
T0003	王五		C003	程式設計	NULL
T0004	李安		C004	系統分析	NULL

(#1, #2, #3, #4 為老師資料表的列編號)

全外部合併

	老師編號	老師姓名	課程代碼	課程名稱	老師編號
1	T0001	張三	C001	資料庫	T0001
2	T0001	張三	C002	資料結構	T0001
3	T0002	李四	NULL	NULL	NULL
4	T0003	王五	NULL	NULL	NULL
5	T0004	李安	NULL	NULL	NULL
6	NULL	NULL	C003	程式設計	NULL
7	NULL	NULL	C004	系統分析	NULL

❉圖7-38

撰寫SQL程式碼▶▶

```
use ch7_DB
SELECT *
FROM 老師資料表 AS A FULL OUTER JOIN 課程資料表 AS B ON A.老師編號=B.老師編號;
```

除法（Division）

定義▶▶ 此種運算如同數學上的除法一般，有二個運算元：第一個關聯表R1當作「被除表格」；第二個關聯表R2當作「除表格」。其中，「被除表格」的屬性必須比「除表格」中的任何屬性中的值域都要與「被除表格」中的某屬性之值域相符合。

代表符號▶▶ $R1 \div R2$

SQL語法▶▶

SELECT指令的WHERE部分中以NOT EXISTS…NOT取代除法（Divide）的功能。

關聯式代數	SQL
有除法（Divide） 相當於	沒有除法（Divide） ① 利用FORALL指令 ② WHERE部分以NOT EXISTS…NOT來替代

概念圖▶▶

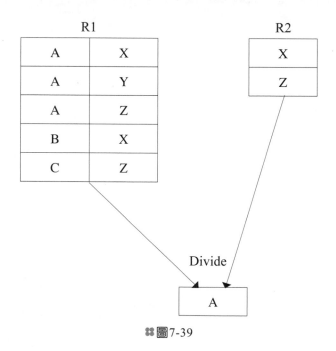

⚙ 圖7-39

基本型格式 ▶▶

SELECT 目標屬性
FROM 目標表格
WHERE NOT EXISTS
　(SELECT *
　FROM 除式表格
　WHERE NOT EXISTS
　　(SELECT *
　　FROM 被除式表格
　　WHERE 目標表格.合併屬性1=被除式表格.合併屬性1
　　AND除式表格.合併屬性2=被除式表格.合併屬性2))

範 例 1

假設有三個檔案,分別為:學生檔、成績檔及課程檔。請列出所有學生均選修的課程?

學生檔

	學號	姓名
#1	S0001	張三
#2	S0002	李四
#3	S0003	王五
#4	S0004	李安
#5	S0005	陳明

❈ 圖7-40

選課檔

	學號	課號	成績
#1	S0001	C001	56
#2	S0001	C005	73
#3	S0002	C002	92
#4	S0002	C005	63
#5	S0003	C004	92
#6	S0003	C005	70
#7	S0004	C003	75
#8	S0004	C004	88
#9	S0004	C005	68
#10	S0005	C005	NULL

課程檔

	課號	課名	學分數	必選修
#1	C001	資料結構	4	選
#2	C002	資訊管理	3	選
#3	C003	系統分析	3	選
#4	C004	統計學	2	選
#5	C005	資料庫系統	4	必

✖圖7-40（續）

分析▸▸ 1. 分析的方法：辨識「目標屬性」及「相關表格」。

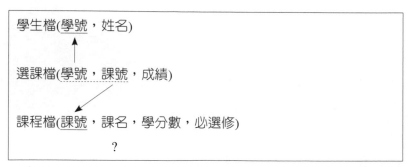

2. 分析題型：屬於「間接合併」，指合併時必須要借助中間表格。

解答 ▸▸

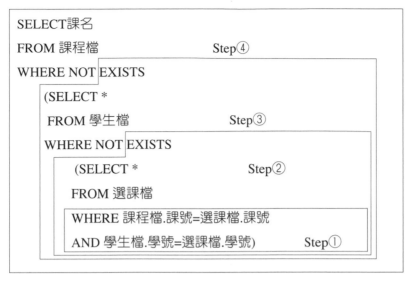

❖ 圖7-41

程式碼及執行結果 ▸▸

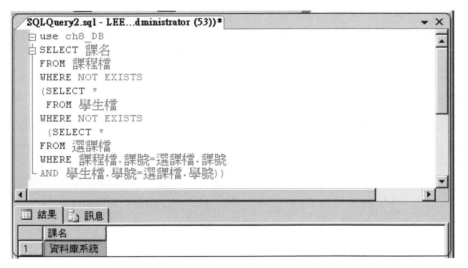

❖ 圖7-42

7-8 集合運算子

●●○○●

定義▶▶ 在集合運算時，其所有的屬性和資料型態必須相同。

集合運算子種類▶▶

1. 聯集（Union），以符號∪表示。

2. 交集（Intersection），以符號∩表示。

3. 差集（Difference），以符號－表示。

7-9 交集（Intersection）

○●●●○

定義▶▶ 是指關聯表R1與關聯表R2做「交集」時，則將原來在兩個關聯式中**都有出現的值組（紀錄）組合在一起，成為新的關聯式R3**。

代表符號▶▶ R1∩R2

SQL語法▶▶

FROM 關聯表R1 INTERSECT 關聯表R2

概念圖▶▶

R1

A	B
a1	b1
a3	b3

∩

R2

A	B
a1	b1
a2	b2

=

R3=R1∩R2

A	B
a1	b1

❸圖7-43

格式▶▶

關聯式代數	SQL
A∩B  相當於	SELECT * FROM A **INTERSECT B**

範例▸▸ 列出97與98學年度「都有」在網路開課老師名單。

97學年度網路開課老師表

	教師編號	姓名
#1	T0001	張三
#2	T0002	李四
#3	T0003	王五
#4	T0004	李安

98學年度網路開課老師表

	教師編號	姓名
#1	T0001	張三
#2	T0004	李安
#3	T0005	小雄
#4	T0006	碩安

✿圖7-44

解答▸▸ 此功能只能在SQL Server上執行。

SQL指令
use ch7_DB
SELECT * FROM [97學年度網路開課老師表]
INTERSECT
SELECT * FROM [98學年度網路開課老師表]

執行結果▸▸ 選取兩資料表「都有」的資料列

	教師編號	姓名
#1	T0001	張三
#2	T0004	李安

✿圖7-45

說明▸▸ 選取兩資料表「**都有**」的資料列。

7-10 聯集（Union）

定義▶▶| 是指關聯表R1與關聯表R2做「聯集」時，則會重新組合成一個新的關聯表R3；而新的關聯表R3中的紀錄為原來**兩關聯表的所有紀錄，若有重複的紀錄，則只會出現一次**。

代表符號▶▶| R1∪R2

SQL語法▶▶|

FROM 關聯表R1 **UNION** 關聯表R2

概念圖▶▶|

R1

A	B
a1	b1
a3	b3

∪

R2

A	B
a1	b1
a2	b2

=

R3=R1∪R2

A	B
a1	b1
a2	b2
a3	b3

圖7-46

對應的SQL語法▶▶|

關聯式代數		SQL
A∪B	相當於	SELECT * FROM A **UNION** B

範例 1

列出97與98學年度有在網路開課老師名單。

<table>
<tr><th colspan="3">97學年度網路開課老師表</th></tr>
<tr><td></td><th>教師編號</th><th>姓名</th></tr>
<tr><td>#1</td><td>T0001</td><td>張三</td></tr>
<tr><td>#2</td><td>T0002</td><td>李四</td></tr>
<tr><td>#3</td><td>T0003</td><td>王五</td></tr>
<tr><td>#4</td><td>T0004</td><td>李安</td></tr>
</table>

<table>
<tr><th colspan="3">98學年度網路開課老師表</th></tr>
<tr><td></td><th>教師編號</th><th>姓名</th></tr>
<tr><td>#1</td><td>T0001</td><td>張三</td></tr>
<tr><td>#2</td><td>T0004</td><td>李安</td></tr>
<tr><td>#3</td><td>T0005</td><td>小雄</td></tr>
<tr><td>#4</td><td>T0006</td><td>碩安</td></tr>
</table>

❈圖7-47

解答 ▸▸

SQL指令
use ch7_DB SELECT * FROM [97學年度網路開課老師表] **UNION** SELECT * FROM [98學年度網路開課老師表]

執行結果 ▸▸

	教師編號	姓名
#1	T0001	張三
#2	T0002	李四
#3	T0003	王五
#4	T0004	李安
#5	T0005	小雄
#6	T0006	碩安

❈圖7-48

說明 ▸▸ 聯集運算乃在選取兩資料表「所有」的資料列，但**重複的資料列只取一次**。

範例 2

請將「甲班成績單」合併「乙班成績單」之後，再依照成績的高低存入「資管系成績單」中。

甲班成績單				乙班成績單			
	學號	姓名	成績		學號	姓名	成績
1	S0001	一心	20	1	S0011	張三	30
2	S0002	二聖	25	2	S0012	李四	50
3	S0003	三多	60				
4	S0004	四維	80				
5	S0005	五福	100				

❈圖7-49

解答 ▶▶

SQL指令
USE ch7_DB
GO
SELECT * INTO 資管系成績單
FROM 甲班成績單
UNION
SELECT * FROM 乙班成績單
ORDER BY 成績 DESC

執行結果 ▶▶

	學號	姓名	成績
1	S0005	五福	100
2	S0004	四維	80
3	S0003	三多	60
4	S0012	李四	50
5	S0011	張三	30
6	S0002	二聖	25
7	S0001	一心	20

❈圖7-50

7-11 差集（Difference）

定義 是指將一個關聯表R1中的紀錄減去另一個關聯表R2的紀錄，形成新的關聯表R3的紀錄。亦即關聯表R1差集關聯表R2之後的結果，則為**關聯表R1減掉R1R2兩關聯共同的值組**。

代表符號 R1－R2

SQL語法

```
FROM 關聯表R1 EXCEPT 關聯表R2
```

概念圖

R1

A	B
a1	b1
a3	b3

－

R2

A	B
a1	b1
a2	b2

＝

R3=R1－R2

A	B
a3	b3

圖7-51

格式

關聯式代數	SQL
A－B　　相當於 →	Select * From A **Except** B

事實上，差集的運算相當於將關聯表R1中的紀錄減去R1與R2共有的紀錄，也就是R1-R2＝R1-(R1∩R2)。

範例 列出97學年度有在網路開課，但沒有在98學年度網路開課的老師名單。

97學年度網路開課老師表

	教師編號	姓名
#1	T0001	張三
#2	T0002	李四
#3	T0003	王五
#4	T0004	李安

98學年度網路開課老師表

	教師編號	姓名
#1	T0001	張三
#2	T0004	李安
#3	T0005	小雄
#4	T0006	碩安

圖7-52

解答 ▶▶ 此功能只能在SQL Server上執行。

SQL指令
use ch7_DB
SELECT * FROM [97學年度網路開課老師表]
EXCEPT
SELECT * FROM [98學年度網路開課老師表]

執行結果 ▶▶

	教師編號	姓名
#1	T0002	李四
#2	T0003	王五

❖ 圖7-53

7-12
巢狀結構查詢

定義 ▶▶ 是指在Where敘述中再嵌入另一個查詢敘述，此查詢敘述稱為「**巢狀查詢**」或稱「**子查詢**」。換言之，您可以**將「子查詢」的結果拿來作為另一個查詢的條件**。

注意 ▶▶ 「子查詢」可以獨立地被執行，其執行結果稱為「**獨立子查詢**」。

分類 ▶▶ 1. 傳回單一值（＝）。

2. 傳回多值（IN）。

建立資料庫

第一個案例——以「學生選課系統」為例

在本單元中，為了方便撰寫SQL語法所需要的資料表，我們以「學生選課系統」的資料庫系統為例，建立資料庫關聯圖，以便後續的查詢分析之用，如圖7-54所示。

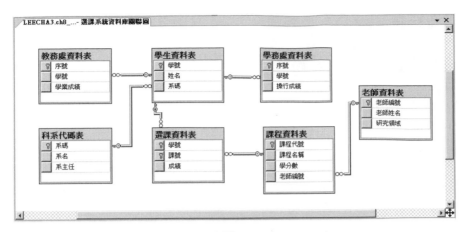

◼◼圖7-54

因此，我們利用SQL Server建立七個資料表，分別為：

一、學生資料表

	學號	姓名	系碼
#1	S0001	張三	D001
#2	S0002	李四	D002
#3	S0003	王五	D003
#4	S0004	陳明	D001
#5	S0005	李安	D004

◼◼圖7-55

二、科系代碼表

	系碼	系名	系主任
#1	D001	資管系	林主任
#2	D002	資工系	陳主任
#3	D003	工管系	王主任
#4	D004	企管系	李主任
#5	D005	幼保系	黃主任

◼◼圖7-56

三、選課資料表

	學號	課號	成績
#1	S0001	C001	56
#2	S0001	C005	73
#3	S0002	C002	92
#4	S0002	C005	63
#5	S0003	C004	92
#6	S0003	C005	70
#7	S0004	C003	75
#8	S0004	C004	88
#9	S0004	C005	68
#10	S0005	C005	NULL

❖圖7-57

四、課程資料表

	課號	課名	學分數	老師編號
#1	C001	資料結構	4	T0001
#2	C002	資訊管理	4	T0001
#3	C003	系統分析	3	T0001
#4	C004	統計學	4	T0002
#5	C005	資料庫系統	3	T0002
#6	C006	數位學習	3	T0003
#7	C007	知識管理	3	T0004

❖圖7-58

五、老師資料表

	老師編號	老師姓名	研究領域
#1	T0001	張三	數位學習
#2	T0002	李四	資料探勘
#3	T0003	王五	知識管理
#4	T0004	李安	軟體測試

�֎ 圖7-59

六、教務處資料表

	序號	學號	學業成績
#1	1	S0001	60
#2	2	S0002	70
#3	3	S0003	80
#4	4	S0004	90

✖ 圖7-60

七、學務處資料表

	序號	學號	操行成績
#1	1	S0001	80
#2	2	S0002	93
#3	3	S0003	75
#4	4	S0004	60

✖ 圖7-61

7-12-1 比較運算子「＝」

定義 ▶▶ 由於主查詢的條件中使用了比較運算子「＝」，所以子查詢就只能傳回一個結果。一旦子查詢傳回了一個以上的結果，那麼主查詢的WHERE子句中的條件就無法成立了。

使用時機▶▶ **子查詢就只能傳回一個結果**，否則會出現如圖7-62的畫面：

訊息 512，層級 16，狀態 1，行 2
子查詢傳回不只 1 個值。這種狀況在子查詢之後有 =、!=、<、<=、>、>= 或是子查詢做為運算式使用時是不允許的。

✤圖7-62

範例 1

利用子查詢來找出選修「資料庫系統」的學生學號及姓名。

97學年度網路開課老師表

	教師編號	姓名
#1	T0001	張三
#2	T0002	李四
#3	T0003	王五
#4	T0004	李安

98學年度網路開課老師表

	教師編號	姓名
#1	T0001	張三
#2	T0004	李安
#3	T0005	小雄
#4	T0006	碩安

✤圖7-63

解答▶▶ （資料表見第7-12節）

SQL指令
USE ch7_hwDB1
SELECT A.學號, 姓名
FROM 學生資料表 AS A, 選課資料表 AS B 〉 主查詢
WHERE A.學號=B.學號 AND B.課號=
(SELECT C.課號 FROM 課程資料表 AS C 〉 子查詢
WHERE 課名= '資料庫系統');

子查詢就只能傳回一個結果為C005

執行結果▶▶

	學號	姓名
1	S0001	張三
2	S0002	李四
3	S0003	王五
4	S0004	陳明
5	S0005	李安

✤圖7-64

範例 ②

利用子查詢來找出選修「課號為C005」的學生學號及姓名。

解答▶▶ （資料表見第7-12節）

SQL指令
USE ch7_hwDB1
SELECT A.學號, 姓名
FROM 學生資料表 AS A
WHERE A.學號=
(SELECT 學號 FROM 選課資料表 AS B
WHERE A.學號=B.學號 AND B.課號='C005');

主查詢

子查詢

子查詢就只能傳回一個結果

執行結果▶▶

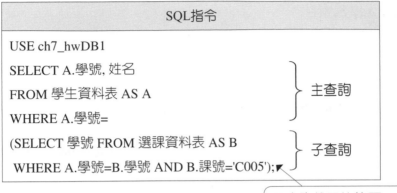

	學號	姓名
1	S0001	張三
2	S0002	李四
3	S0003	王五
4	S0004	陳明
5	S0005	李安

✷圖7-65

7-12-2　IN集合條件

定義▶▶　如果我們想讓子查詢可以傳回一個以上的值，我們可以在主查詢條件之中使用IN運算子來接收子查詢傳回的結果，因為**IN可以處理多個值**。也就是說，當某列的學號等於IN之內的任何一個學號，此列就會被傳回。

使用時機▶▶　子查詢可以傳回一個以上的結果。

範例▶▶　若授課老師想了解有修「資料」開頭的課程之同學（利用子查詢來找出，使用IN）。

解答▶▶　（資料表見第7-12節）

SQL指令

USE ch7_hwDB1
SELECT A.學號, 姓名
FROM 學生資料表 AS A, 選課資料表 AS B ⎫ 主查詢
WHERE A.學號=B.學號 AND B.課號 IN ⎭
(SELECT C.課號 FROM 課程資料表 AS C ⎫ 子查詢
**　WHERE 課名 LIKE '資料*');** ◀ ⎭

> 子查詢可以傳回兩個或兩個以上的結果

執行結果▶▶

	學號	姓名
1	S0001	張三
2	S0001	張三
3	S0002	李四
4	S0003	王五
5	S0004	陳明
6	S0005	李安

❖圖7-66

MTA

題庫解析

(C) 1. 您執行下列陳述式：

SELECT DepartmentName

FROM Department

WHERE DepartmentID=

  (SELECT DepartmentID

    FROM Employee

    WHERE EmployeeID=1234)

此陳述式是哪個項目的範例：

(A)笛卡兒乘積　　　　　　　　(B)外部聯結

(C)子查詢　　　　　　　　　　(D)等位

解析 「子查詢」是指在WHERE敘述中再嵌入另一個查詢敘述，此查詢敘述稱為「子查詢」。換言之，你可以將「子查詢」的結果拿來作為另一個查詢的條件。

【注意】

「子查詢」可以獨立地被執行，其執行結果稱為「獨立子查詢」。

(C) 2. 您有Customer資料表和Order資料表。您使用Customery資料行將Customer資料表與Order資料表聯結。

結果包括：
- 所有客戶與其訂單
- 沒有訂單客戶

這些結果代表哪種類型的聯結？

(A)完整聯結　　　　　　(B)內部聯結
(C)外部聯結　　　　　　(D)部分聯結

解析

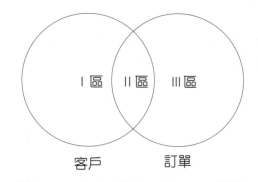

客戶　　　訂單

1. Inner Join（內部合併）

如果查詢目前客戶有下的訂單，則會使用到「內部合併」。如上圖中的Ⅱ區。

2. Outer Join（外部合併）

(1) 如果要查詢尚未下訂單的客戶，則會使用到「左外部合併」。如上圖中的Ⅰ區。

(2) 如果查詢有哪些產品訂單尚未被客戶訂，則會使用到「右外部合併」。如上圖中的Ⅲ區。

若要同時查詢出Ⅰ區、Ⅱ區及Ⅲ區時，則必須要使用「全外部合併」。

(D) 3. 假設有兩個資料表，每個資料表都有三個資料列。
　　　　這兩個資料表的笛卡兒乘積會包含多少資料列？
　　　　(A)0　　　　　　　　　　　(B)3
　　　　(C)6　　　　　　　　　　　(D)9

解析 要領：欄位數（資料行）相加，筆數（資料列）相乘。

n=3 (欄)

R

A	B	C
A1	B1	C1
A1	B2	C2
A2	B2	C1

X=3筆

(a)

m=3 (欄)

S

A	B	C
A1	B2	C2
A1	B3	C2
A2	B2	C1

Y=3筆

(b)

R×S=

n＋m＝3＋3＝6 (欄)

R×S

A	B	C	A	B	C
A1	B1	C1	A1	B2	C2
A1	B1	C1	A1	B3	C2
A1	B1	C1	A2	B2	C1
A1	B2	C2	A1	B2	C2
A1	B2	C2	A1	B3	C2
A1	B2	C2	A2	B2	C1
A2	B2	C1	A1	B2	C2
A2	B2	C1	A1	B3	C2
A2	B2	C1	A2	B2	C1

(c)

X*Y＝3*3＝9 (筆)

（ A ）4. 執行下列陳述式：

SELECT EmployeeID，FirstName，DepartmentName

FROM Employee，Department

此類型的作業系統稱為：

(A)笛卡兒乘積 　　　　　　　　(B)等聯結

(C)交集 　　　　　　　　　　　(D)外部連結

解析 是指將兩關聯表R1與R2的記錄利用集合運算中的乘積運算形成新的關聯表R3。卡氏積（Cartesian Product）；也稱交叉乘積（Cross Product）；或稱交叉合併（Cross Join），也可稱為「笛卡兒乘積」。

學生表

	學號	姓名	課號
#1	S0001	張三	C001
#2	S0002	李四	C002

課程表

課號	課名	學分數
C001	MIS	3
C002	DB	3
C003	VB	2

```
SELECT  *
FROM 學生表，課程表
```

笛卡兒乘積的結果

	「學生表」的屬性			「課程表」的屬性		
	學號	姓名	學生表.課號	課程表.課號	課名	學分數
#1	S0001	張三	C001	C001	MIS	3
#2	S0001	張三	C001	C002	DB	3
#3	S0001	張三	C001	C003	VB	2
#4	S0002	李四	C002	C001	MIS	3
#5	S0002	李四	C002	C002	DB	3
#6	S0002	李四	C002	C003	VB	2

CHAPTER 8

MTA Certification

T-SQL程式設計

本章學習目標

1. 讓讀者瞭解結構化查詢語言（SQL）與Transact-SQL（T-SQL）兩種語言之間的差異。
2. 讓讀者瞭解T-SQL的指令碼及相關運用。

本章內容

8-1 何謂T-SQL？

所謂Transact-SQL（T-SQL）是**標準SQL語言的增強版**，是用來控制Microsoft SQL Server資料庫的一種主要語言。由於目前的標準SQL語言（亦即SQL-92語法）是屬於非程序性語言，使得每一條SQL指令都是單獨被執行，導致指令與指令之間無法傳遞參數，所以，在使用上往往不如傳統高階程式語言來得方便。

有鑑於此，MS SQL Server提供的T-SQL語言，除了符合SQL-92規則（DDL、DML、DCL）之外，另外增加了變數、程式區塊、流程控制及迴圈控制…等第三代「程式語言」的功能，使其應用彈性大大的提昇。

8-2 變數的宣告與使用

在一般的程式語言中，每一個變數都必須要宣告才能使用，而在T-SQL語言中也不例外。

變數的分類

1. 區域性變數：是由使用者自行定義，因此，必須要事先宣告。
2. 全域性變數：由系統提供，不需要宣告。

8-2-1 區域性變數（Local Variable）

定義 ▶▶ 是指用來儲存暫時性的資料。

表示方式 ▶▶ 以@為開頭。

宣告方式 ▶▶ 使用**DECLARE關鍵字**作為開頭，其所宣告的變數之**預設值為NULL**，我們可以利用SET或SELECT來設定初值。

宣告語法 ▶▶

```
DECLARE @變數名稱 資料型態
```

說明 ▶▶   1. 變數的**初始值都是NULL**，而**不是0或空白字元**。

2. 當同時宣告**多個變數**時，必須要利用**逗號隔開(,)**。

範例 ▶▶

```
DECLARE @X INT, @Y INT    -- 區域變數以@為開頭
```

初值設定之語法 ▶▶

第一種方法：利用SET設定初值。

```
SET @變數名稱=設定值
```

第二種方法：利用SELECT設定初值。

```
SELECT @變數名稱=設定值
```

第三種方法：從資料表中取出欄位值。

```
SELECT @變數名稱=欄位名稱 FROM 資料表名稱
```

顯示方式 ▶▶   使用SELECT或PRINT敘述。

1. SELECT敘述：是以「結果視窗」呈現。

2. PRINT敘述：是以「訊息視窗」呈現。

範例 ▶▶   請利用SET與SELECT來設定初值，並且利用SELECT與PRINT來顯示結果。

解答 ▶▶

```
DECLARE @Cus_Id    nchar(10)          -- 區域變數以@為開頭
DECLARE @Cus_Name  nchar(10)
SET @Cus_Id = 'C06'                   -- 設定區域變數初值
SELECT @Cus_Name = '王安'             -- 用SELECT也可拿來設定變數初值
SELECT @Cus_Id                        -- 顯示區域變數(Cus_Id)的內容
PRINT @Cus_Name                       -- 顯示區域變數(Cus_Name)的內容
```

執行結果 ▶▶

1. 結果視窗	2. 訊息視窗
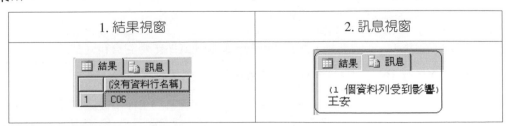	

8-2-2　全域性變數（Global Variable）

定義▶▶　指用來取得系統資訊或狀態的資料。

表示方式▶▶　@@全域變數。

說明▶▶　在全域性變數前面加入「兩個(@@)符號」，後面**不需要「小括號」**。

注意▶▶　它不需要經過宣告，即可使用。

✽ 表8-1　常用全域性變數一覽表

系統參數	說明
@@CONNECTIONS	傳回SQL Server上次啓動之後所嘗試的連接次數，成功和失敗都包括在內。
@@CPU_BUSY	傳回SQL Server上次啓動之後所花的工作時間。
@@CURSOR_ROWS	傳回在連接所開啓的最後一個資料指標中，目前符合的資料列數。
@@DATEFIRST	傳回SET DATEFIRST之工作階段的目前值。 SET DATEFIRST會指定每週第一天。U.S. English預設值是7，也就是星期日。
@@ERROR	傳回最後執行的Transact-SQL陳述式的錯誤號碼。
@@IDENTITY	這是傳回最後插入的識別值之系統函數。
@@LANGUAGE	傳回目前所用的語言名稱。
@@LOCK_TIMEOUT	傳回目前工作階段的目前鎖定逾時設定（以毫秒為單位）。
@@MAX_CONNECTIONS	傳回SQL Server執行個體所能接受的最大同時使用者連接數目。傳回的數目不一定是目前所設定的數目。
@@NESTLEVEL	傳回本機伺服器中執行目前預存程序的巢狀層級（最初是0）。
@@OPTIONS	傳回目前SET選項的相關資訊。
@@REMSERVER	傳回符合登入記錄所顯示的遠端SQL Server資料庫伺服器的名稱。
@@ROWCOUNT	傳回受到前一個陳述式所影響的資料列數。
@@SERVERNAME	傳回執行SQL Server的本機伺服器名稱。
@@SPID	傳回目前使用者處理程序的工作階段識別碼。

| @@TRANCOUNT | 傳回目前連接的使用中交易數目。 |
| @@VERSION | 傳回目前安裝之SQL Server的版本、處理器架構、建置日期和作業系統。 |

資料來源：SQL Server 2008線上叢書
　　　　　(http://msdn.microsoft.com/zh-tw/library/ms187766.aspx)

範例▸▸　查詢目前SQL Server伺服器的名稱。

解答▸▸

```
DECLARE @MyServerName  nchar(20)
SET @MyServerName=@@SERVERNAME
SELECT @MyServerName  AS 我的DB主機名稱
```

執行結果▸▸

❈圖8-1

8-3 資料型態

在SQL Server中，可以讓您建立自己的資料型態，以補強SQL Server所提供的資料型態。因此，基本上，在SQL Server資料庫管理系統中，它提供兩種類型的資料型態：

1. **使用者自訂**：補強SQL Server所提供的資料型態不足之處。

2. **系統提供**：整數、精確位數、近似浮點數值、日期時間、字串、Unicode字串、二元碼字串及貨幣。

因此，當我們在建立資料表中的欄位名稱時，一定會再設定每一個欄位的資料型態。如圖8-2所示：

圖8-2

其常用的資料型態如下所示：

一、整數

資料型別	說明
INT	長度為4個bytes；介於-2,147,483,648與2,147,483,647間的整數
SMALLINT	長度為2個bytes；介於-32,768與32,767間的整數
TINYINT	長度為1個byte；介於0與255間的整數
BIGINT	長度為8個bytes；介於-2^63與2^63-1間的整數
BIT	只佔用一個位元，且不允許存放NULL值

二、精確位數

資料型別	說明
DECIMAL[(p[,s])]	使用2到17個bytes來儲存資料，可儲存的值介於$-10^{38}-1$與$10^{38}-1$ 之間；p用來定義小數點兩邊可以被儲存的位數總數目，而s代表小數點右邊的有效位數（s＜p）；p的預設值為18，而s的預設值為0
NUMERIC[(p[,s])]	與DECIMAL[(p[,s])]同

三、近似浮點數值

資料型別	說明
FLOAT[(n)]	n是儲存float數字的小數位數，介於1與53間；若n介於1與24間，儲存大小為4個bytes，有效位數為7位數；若n介於25與53間，儲存大小為8個bytes，有效位數為15位數
REAL	長度為4個bytes；介於-3.4E-38與3.4E+38間的浮點數；與FLOAT(24)相同

四、日期時間

資料型別	說明
DATETIME	長度為8個bytes；介於1/1/1753與12/31/9999間的日期時間
SMALLDATETIME	長度為4個bytes；介於1/1/1900與6/6/2079間的日期時間

五、字串

資料型別	說明
CHAR[(n)]	固定長度為n的字元型態，n必須介於1與8000之間
VARCHAR[(n)]	與CHAR相同，只是若輸入的資料小於n，資料庫不會自動補空格，因此為變動長度之字串
TEXT	用來儲存大量的（可高達兩億個位元組）字元資料，儲存空間以8k為單位動態增加

六、Unicode字串

資料型別	說明
NCHAR	與CHAR相同，只是每一個字元為2個bytes的Unicode，且n最大為4000
NVARCHAR	與VARCHAR相同，只是每一個字元為2個bytes的Unicode，且n最大為4000
NTEXT	和TEXT雷同，只是儲存的是Unicode資料

七、二元碼字串

資料型別	說明
BINARY[(n)]	固定長度為n+4個bytes；n為1到8000的值，輸入的值必須符合兩個條件：(1)每一個值皆為0-9、a-f的值；(2)每一個值的前面必須有0X
VARBINARY[(n)]	與BINARY相同，只是若輸入的資料小於n，資料庫不會自動補0，因此長度為變動的
IMAGE	和TEXT雷同，只是儲存的是影像資料

八、貨幣

資料型別	說明
MONEY	長度為8個bytes的整數，小數點的精確度取四位
SMALLMONEY	長度為4個bytes的整數，小數點的精確度取四位

8-4 註解（Comment）

定義▶▶ 在程式中加入註解說明，可以使得**程式更容易閱讀與了解**，也有助於後續的管理與維護工作。註解內的文字是提供設計者使用，系統不會執行它。

兩種撰寫格式▶▶

1. 單行註解
2. 區塊註解

一、單行註解（Comment）

表示方式▶▶ 以「--」作為開頭字元。

使用時機▶▶ 可以寫在**程式碼的後面**或**單獨一行註解**。

舉例▶▶

```
Declare  @R int,  @A int ,  @L int          --宣告三個變數R,A,L
```

範例▶▶

```
--計算圓的面積與周長
Declare @R int, @A float , @L float         --宣告三個變數R,A,L
Declare @PI float=3.14
SET @R=3                                     --設定半徑
SET @A=@PI*SQUARE(@R)              --計算圓的面積
SET @L=2*@PI*@R                         --計算圓的周長
PRINT '面積A=' + CONVERT(CHAR,@A)
PRINT '周長L=' + CONVERT(CHAR,@L)
```

二、區塊註解

表示方式▶▶ 「/*」與「*/」之間的所有內容。

使用時機▶▶ 註解的內容超過一行時。

例如1：

```
/* 註解內容 */
```

例如2：

/* 註解

可以包括多行內容 */

舉例 ▶▶

/*題目：計算圓的面積與周長

　　　圓面積公式：PI*R^2

　　　圓周長公式：*PI*R

*/

8-5　資料的運算

我們都知道電腦處理資料的過程為：輸入－處理－輸出，其中**「處理」程序**通常是藉由**運算式（Expression）來完成**。每一行**運算式**都是由**運算元（Operand）**與**運算子（Operator）**所組合而成。例如：A=B+1，其中「A」、「B」、「1」稱為運算元；「＝」、「＋」則稱為運算子。

一般而言，「運算元」都是變數或常數，而運算子則可分為四種：

1. **指定運算子**

2. **算術運算子**

3. **關係運算子**

4. **邏輯運算子**

8-5-1　指定運算子

一般初學者在撰寫程式中遇到數學上的等號「＝」時，都會有一些疑問，那就是：何時才是真正的「等號」？何時才能當作「指定運算子」來使用？

基本上，在T-SQL中的**等號「＝」**大部分都是當作「**指定運算子**」來使用，也就是在某一行運算式中，從「＝」指定運算子的右邊開始看，亦即**將右邊的運算式的結果指定給左邊的運算元**。

舉例 ▶▶ 請宣告A、B兩個變數為整數型態,並分別指定初值為1與2。

```
Declare @A int, @B int
SET @A=1
SET @B=2
```

注意:我們在撰寫運算式時,必須特別小心,不能將常數或二個及二個變數以上放在「=」指定運算子的左邊。

範例 ▶▶ 請在ch8_DB資料庫中,取出「學生資料表」的學生總筆數。

```
USE ch8_DB
Go
DECLARE @Total int
SELECT @Total=count(*)
FROM dbo.學生資料表
PRINT '學生總筆數=' + CONVERT(CHAR,@Total)
```

執行結果 ▶▶

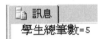

訊息
學生總筆數=5

❈圖8-3

8-5-2 算術運算子

在程式語言有四則運算;而在T-SQL程式語言中也不例外,其主要的目的就是用來處理使用者輸入的數值資料。而在程式語言的算術運算式中,也是由數學運算式所構成的計算式,因此,在運算時也要注意到運算子的優先順序。如表8-2所示:

❈表8-2 算術運算子的種類

運算子	功能	例子	執行結果
＋(加)	A與B兩數相加	14+28	42
─(減)	A與B兩數相減	29-14	14
*(乘)	A與B兩數相乘	5*8	40
/(除)	A與B兩數相除	10/3	3.33333333…
%(餘除)	A與B兩數相除後,取餘數	10%3	1

說明:程式語言中的**乘法**是以星號「*」代替,數學中則以「×」代替。

範例 ▶▶ 請宣告A、B兩個變數為整數型態，並分別指定初值為1與2，再將變數A與B的值相加以後，指定給Sum變數。

```
Declare @A int, @B int , @SUM int
SET @A=1
SET @B=2
SET @SUM =@A+@B
SELECT @SUM AS 'A+B之和'
```

執行結果 ▶▶

❖ 圖8-4

8-5-3 關係運算子

　　關係運算子是一種比較大小的運算式，因此又稱「**比較運算式**」。如果我們所想要的資料是要符合某些條件，而不是全部的資料時，那就必須要在SELECT子句中再**使用WHERE條件式**即可。並且也可以配合使用「比較運算子條件」來搜尋資料。若條件式成立的話，則會傳回「True（真）」；若不成立的話，則會傳回「False（假）」。如表8-3所示：

❖ 表8-3 比較運算子表

運算子	功能	例子	條件式說明
＝（等於）	判斷A與B是否相等	A=B	成績=60
!=（不等於）	判斷A是否不等於B	A!=B	成績!=60
<（小於）	判斷A是否小於B	A<B	成績<60
<=（小於等於）	判斷A是否小於等於B	A<=B	成績<=60
>（大於）	判斷A是否大於B	A>B	成績>60
>=（大於等於）	判斷A是否大於等於B	A>=B	成績>=60

說明：設A代表「成績欄位名稱」，B代表「字串或數值資料」。

範例▶▶　請利用變數方式，在「選課資料表」中查詢任何課程成績「不及格（＜60分）」的學生的「學號、課程代號及成績」。

解答▶▶

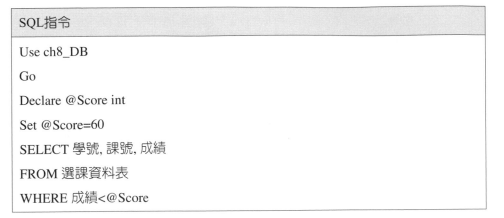

SQL指令
Use ch8_DB
Go
Declare @Score int
Set @Score=60
SELECT 學號, 課號, 成績
FROM 選課資料表
WHERE 成績<@Score

執行結果▶▶

	學號	課號	成績
1	S0001	C001	56

❀ 圖8-5

8-5-4　邏輯運算子

在WHERE條件式中除了可以設定「比較運算子」之外，還可以設定「**邏輯運算子**」來將數個**比較運算子條件組合起來**，成為較**複雜的條件式**。其常用的邏輯運算子如表8-4所示：

❀表8-4　**邏輯運算子表**

運算子	功能
And（且）	判斷A且B兩個條件式是否皆成立
Or（或）	判斷A或B兩個條件式是否有一個成立
Not（反）	非A的條件式
Exists（存在）	判斷某一子查詢是否存在

說明：設A代表「左邊條件式」，B代表「右邊條件式」。

範例▶▶ 請利用變數方式，在「選課資料表」中查詢修課號為'C005'，且成績是「及格（>=60分）」的學生的「學號及成績」。

解答▶▶

SQL指令
Use ch8_DB
Go
Declare @Score int
Declare @CNo nchar(10)
Set @Score=60
Set @CNo='C005'
SELECT 學號, 課號, 成績
FROM 選課資料表
WHERE 成績>=@Score And 課號=@CNo

執行結果▶▶

	學號	課號	成績
1	S0001	C005	73
2	S0002	C005	63
3	S0003	C005	70
4	S0004	C005	68

❖圖8-6

(B) 1. 您正在建立用來儲存客戶資料的資料表。AccountNumber資料行使
用一律由一個字母和四位數組的值。您應該為AccountNumber資料
行使用哪種資料型別?
(A)BYTE (B)CHAR
(C)DOUBLE (D)SMALLINT

解析 1. CHAR:字串資料型態,用來存放字串資料,例如:"S1234"。

2. DOUBLE:精確位數的資料型態,用來定義小數部分,例如:
"1234.00123"。

3. SMALLINT:整數的資料形態,用來定義整數資料,例如:
"1234"。

(D) 2. 您需要儲存長度為3到30個字元的產品名稱。您也需要將所使用的
儲存空間縮到最小。您應該使用哪一種資料型別?
(A)CHAR(3,30) (B)CHAR(30)
(C)VARCHAR(3,30) (D)VARCHAR(30)

解析

CHAR[(n)]	固定長度為n的字元型態,n必須介於1與8000之間
VARCHAR[(n)]	與CHAR相同,只是若輸入的資料小於n,資料庫不會自動補空格,因此為變動長度之字串

【註】
在定義某一變數的資料型態為變動長度之字串時,其欄位大小只能輸
入最大值,而不能設定範圍。

MTA
題
庫
解
析

(A) 3. 哪個項目定義配置給資料行值的儲存空間量？
(A)資料型別 (B)格式
(C)索引鍵 (D)驗證程式

解析 【註】資料行值是指「欄位名稱」。

資料型態	說明（儲存空間量）
INT	長度為4個bytes：介於-2,147,483,648與2,147,483,647間的整數
SMALLINT	長度為2個bytes：介於-32,768與32,767間的整數
TINYINT	長度為1個bytes：介於0與255間的整數
BIGINT	長度為8個bytes：介於-2^63與2^63-1間的整數

(A,D) 4. 需要哪兩個元素才能定義資料行?(請選擇兩個答案)
(A)資料型別 (B)索引
(C)索引鍵 (D)名稱

解析 定義資料行是指定義「欄位名稱」。

LEECH-HP.TestDB - dbo.Table_1*		
資料行名稱	資料類型	允許 Null
▶ 學號	nchar(10) ▼	☑
	nchar(10)	☐
	ntext	
	numeric(18, 0)	
	nvarchar(50)	
	nvarchar(MAX)	
	real	
	smalldatetime	
	smallint	

(B) 5. 您建立用來儲存產品名稱的資料表。您需要以不同的語言紀錄產品名稱。您應該使用哪種資料型態？

      (A)CHAR　　　　　　　　　　　(B)NCHAR

      (C)TEXT　　　　　　　　　　　(D)VARCHAR

解析　若資料中有包含多國語言，則可以使用Unicode資料型態。

資料型別	說明
NCHAR	與CHAR相同，只是每一個字元為2個bytes的Unicode，且n最大為4000
NVARCHAR	與VARCHAR相同，只是每一個字元為2個bytes的Unicode，且n最大為4000
NTEXT	和TEXT雷同，只是儲存的是Unicode資料

(D) 6. 您需要儲存產品數量，而且您想要將所使用的儲存空間縮到最小。您應該使用哪一種資料行別？

      (A)計數　　　　　　　　　　　(B)雙精度浮點數

      (C)浮點數　　　　　　　　　　(D)整數

解析

資料型態	說明（儲存空間量）
INT (整數)	長度為4個bytes
FLOAT[(n)] (浮點數值)	n是儲存float數字的小數位數，介於1與53間；若n介於1與24間，儲存大小為4個bytes，有效位數為7位數；若n介於25與53間，儲存大小為8個bytes，有效位數為15位數
DECIMAL[(p[,s])] (精確位數)	使用2到17個bytes來儲存資料

(C,D) 7. SQL Server提供哪些類型的資料型態？（請選擇兩個答案）
(A)伺服器提供 (B)標準
(C)使用者自訂 (D)系統提供

解析 1. 系統提供：整數、精確位數、近似浮點數值、日期時間、字串、Unicode字串及二元碼字串。

2. 使用者自訂

(B) 8. 您建立用來儲存產品名稱的資料表，但出現亂碼，您應該改用哪種資料型態？
(A)CHAR (B)NCHAR
(C)MEMO (D)VARCHAR

解析

資料型別	說明
NCHAR	與CHAR相同，只是每一個字元為2個bytes的Unicode，且n最大為4000
NVARCHAR	與VARCHAR相同，只是每一個字元為2個bytes的Unicode，且n最大為4000
NTEXT	和TEXT雷同，只是儲存的是Unicode資料

CHAPTER 9

MTA Certification

交易管理

9-1
何謂交易管理

交易（Transaction）乃是一連串不可分割的資料庫操作指令的集合。當交易裡的**每一個操作指令都成功時，該筆交易才算成功**；否則交易就算失敗，必須恢復到交易前的資料狀態。

什麼是交易功能呢？我們先看看銀行金錢往來的情況。舉個簡單的例子，一個客戶從A銀行轉帳至B銀行，要做的動作為從A銀行的帳戶扣款、B銀行的帳戶加上轉帳的金額，**兩個動作必須同時成功，只要有任何一個動作失敗，則此次轉帳失敗**。如圖9-1所示。

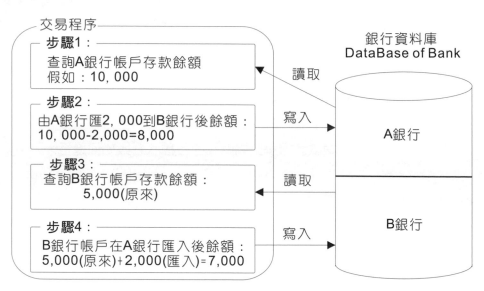

※ 圖9-1　交易程序圖

在圖9-1中，要完成一個交易必須要經過四個步驟，萬一在進行步驟4之前，銀行的資訊系統主機**電源中斷**，或是發現到B銀行的**帳戶不存在**時，那要怎麼辦呢？這樣的話，在步驟2提出來的2,000元已經不在A銀行的帳戶了，也不在B銀行的帳戶，那2,000元走去哪裡呢？該不會銀行多賺了2,000元吧！

為了不讓這樣的情況發生，我們可以使用「**交易管理**」來把一些對於資料庫的操作（A銀行扣掉2,000元與B銀行存入2,000元）**視為同一個交易動作**。因此，**當交易裡的每一個操作指令都成功時，該筆交易才算成功；否則交易就算失敗**，必須恢復到交易前的資料狀態。因此，在步驟2被扣掉的2,000元，會因為交易失敗而自動被恢復到交易前的資料狀態。

9-2 交易管理的四大特性

交易管理（Transaction Management）是資料庫系統中最重要的議題之一。主要目的是為了維持資料之間的**一致性**（Consistency）、**完整性**（Completeness）與**正確性**（Correctness），並且還要具有**並行控制**（Concurrency）的功能。而交易進行時，如何達到以上的目的，其最主要原因就是交易管理具有**四個特性（ACID）**。其四種特性說明如下：

1. **單元性**（Atomicity）
2. **一致性**（Consistency）
3. **隔離性**（Isolation）
4. **持久性**（Durability）

9-2-1 單元性（Atomicity）

將交易過程中，所有對資料庫操作視為同一個單元工作，其中可能包括許多步驟，這些步驟要嘛全部執行成功；否則，整個交易宣告失敗。所以，**整個交易是一個不可分割的邏輯單位**。但是，在單元工作中，如果其中有一個**操作尚未完成**，則整個交易必須回到初始狀態，回到初始狀態的程序稱為**復原**（Recovery, Rollback）。

範例▶▶ 假設現在有兩個交易，分別為T1與T2，時間由t1~t6，實際交易過程如下所示：

時間	交易T1	交易T2	
t1	Read (A)	│	
t2	A=A-2,000	│	
t3	Write (A)	│	② 不會真正寫入資料庫
t4		Read (B)	① 發生錯誤
t5		B=B+2,000	
t6		Write (B)	

（左側直書）整個交易視為不可分割的單位

❈圖9-2 交易的不可分割性

因此，如果在交易t4時間Read(B)的讀取操作發生錯誤，交易管理需要避免t3時間Write(A)的資料庫寫入操作，並不會真正寫入資料庫，因為資料庫單元操作沒有全部執行，就都不能執行。

延伸學習

資料庫的單元工作是由許多步驟所組成，而每一步驟就是每一句SQL命令的執行。其基本的架構如下：

```
Begin Transaction          --開始交易
    SQL命令1
    SQL命令2
    ......
    SQL命令N
if (產生錯誤)              --進行ROLLBACK的動作
    Rollback transaction
else
    Commit transaction     --交易成功
End Transaction            --結束交易
```

說明：以上的交易操作（SQL命令1，SQL命令2，…，SQL命令N），只要其中之一個
　　　SQL命令產生錯誤時，將會導致整個交易失敗，並且執行Rollback Transaction。

9-2-2　一致性（Consistency）

指交易過程所異動的資料在**交易前**與**交易後**必須**一致**，資料庫的資料必須仍然滿足**完整性限制條件**（利用資料表中的Check與Foreign Key），即**維持資料的一致性**，如圖9-3所示：

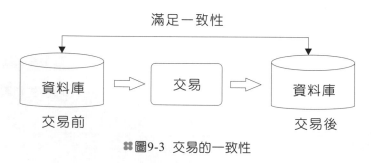

❈圖9-3 交易的一致性

因為，DBMS需要維持資料庫資料的一致性，同樣的，交易管理也必須要維持一致性。

9-2-3 隔離性（Isolation）

隔離性是指**多筆交易**在**同時交易**時，雖然**各交易是並行執行**，不過各交易之間應該滿足獨立性。也就是說，**一個交易不會影響到其他交易的執行結果**，或被其他交易所干擾。

範例⏭ 假設「張三」同學欲從A銀行提領2,000元，而「張三父親」想由B銀行轉出5,000元到「張三」的A銀行存摺中，若「張三」同學的交易先執行，則「張三父親」的交易必須等待「張三」同學的交易完成之後，才能將5,000元增加到「張三」同學的帳戶內。其中，「張三父親」帳戶扣款的動作，可與「張三」同學的**交易同時並行執行，不必等待**。也就是透過交易特性中的「**隔離性**」。

實例分析⏭ 現在有兩個交易，分別為T1與T2，時間由t1~t5，實際交易過程如下所示：假設：A的預設值=10。

時間	交易T1	交易T2
t1	Read (A)	|
t2	A=A+10	|
t3	Write (A)	|
t4		Read (A) ← 不正確(Dirty Read)
t5	Abort（撤回）	

圖9-4 交易的隔離性

說明⏭ 當交易T1在時間t1時，會讀取A的預設值10，並且在t2時間將10改為20。而交易T2在時間t4讀取A值，結果T1在時間t5時Abort（撤回），形成交易T2所讀取的**資料是不正確**的，也必須**要被Abort（撤回）**。

分析⏭ 交易T1的資料更新到一半尚未完成確認（Commit）時，卻被交易T2來讀取，因此，交易T2只是取得交易T1的暫時性資料，此現象就稱為**Dirty Read**。

解決方法⏭ 利用鎖定（Lock）資料的方式來**隔離交易**。

9-2-4　持久性（Durability）

　　持久性是指當交易完成，執行**確認交易（Commit）後，資料庫會保存交易後的結果**。因此，若**系統發生錯誤**或**故障**，等系統恢復正常時，原交易的結果仍必須存在，也**不能有遺失的現象**。如下圖所示：

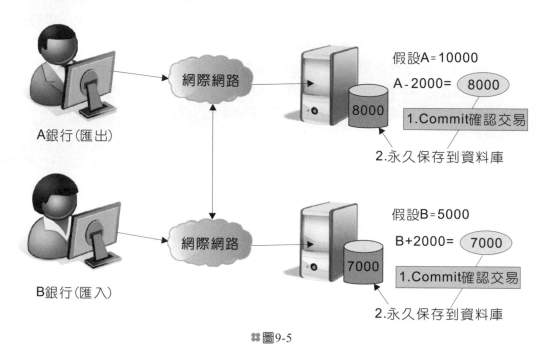

⚙圖9-5

【兩種機制與ACID分析】

　　資料庫系統的交易管理是指「**並行控制**」和「**回復技術**」兩個機制的合稱，因此，我們可以將兩種機制與ACID分析如下：

1. 「**並行控制**」機制是要維持「**隔離性**」和「**一致性**」保持。
2. 「**回復技術**」機制是維持交易處理的「**單元性**」和「**持續性**」。

9-3 交易的狀態

一個交易狀態是由活動狀態（Active）、部分確認（Partially Committed）、確認（Committed）、失敗（Failed）及終止狀態（Terminated）等五個狀態組合而成。如圖9-6交易狀態轉換圖所示：

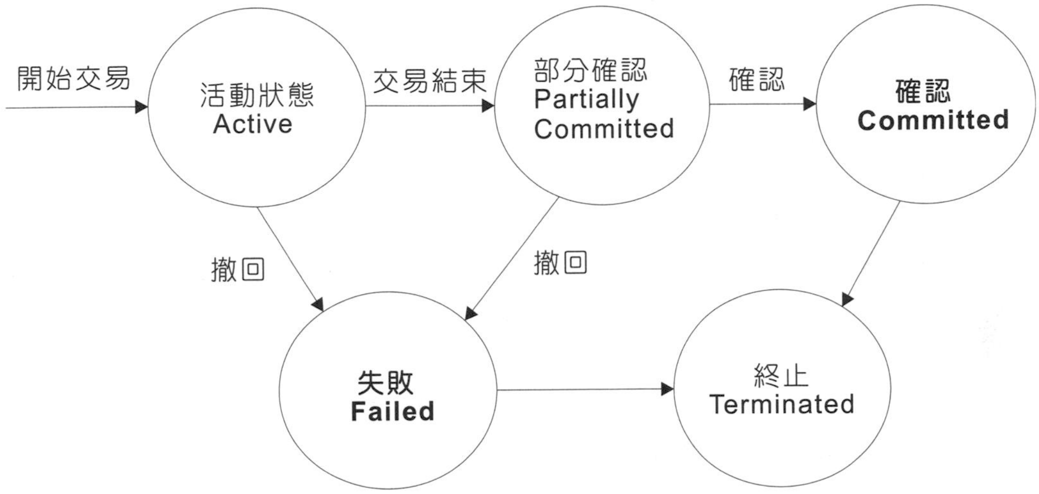

圖9-6 交易狀態轉換圖

【交易狀態轉換圖說明】

1. 活動狀態（Active State）

當「交易開始（Begin Transaction）」執行時，即進入「活動狀態（Active State）」，在此狀態中可以對資料庫進行一系列的**讀（Read）**及**寫（Write）**動作。

範例1 網路銀行轉帳的例子

假設某一位家長欲轉帳2,000元給就讀遠方學校的兒子當作生活費用，因此，他必須要在ATM進行以下的操作動作：

步驟1：上網連到指定的網路銀行之網站。

步驟2：輸入「身分證字號/統一編號/客戶編號」。

輸入「使用者名稱」

輸入「簽入密碼」，後再按「登入」

系統會自動檢查是否正確。如果正確時，則再進行以下的步驟。

步驟3：查詢目前的帳戶餘額。

步驟4：轉帳的操作動作……。

❖圖9-7

以上**步驟3與步驟4**就是所謂的「**活動狀態（Active State）**」。

2. 部分確認狀態（Partially Committed State）

是指在對資料庫進行各種單元操作完成之後，也就是交易結束。此時即可進入「部分確認狀態（Partially Committed State）」，在此狀態中，「同步控制」動作將會去檢查是否干擾其他正在執行中的交易。

範 例 ② 接續範例1網路銀行轉帳的例子

步驟5：匯款的操作動作完成之後，將會出現如下的畫面：

```
請再確認轉帳資訊
轉出帳號：A123456789
轉入帳號：B123456789
轉帳金額 新台幣2,000元
請您再確認以上的轉帳資訊是否正確？
「確認」「取消」
```

以上步驟就是所謂的「**部分確認狀態（Partially Committed State）**」。

3. 確認狀態（Committed State）

當「活動狀態」與「部分確認狀態」檢查動作都成功之後，即可進入「確認狀態（Committed State）」，亦即將交易過程真正的寫入資料庫中，表示此筆交易成功。

範 例 ③ 接續範例 1、2 網路銀行轉帳的例子

步驟6：在您按「確認」交易動作之後，將會出現如下的畫面：

轉帳成功

交易時間：2010/10/18 17:44:24

跨行序號：9896877

轉出帳號：A123456789

轉入帳號：B123456789

轉帳金額：新台幣2,000元

轉帳手續費：新台幣12元

交易備註：家長轉帳2,000元給就讀遠方學校的兒子

以上步驟就是所謂的「**確認狀態（Committed State）**」。

4. 失敗狀態（Failed State）

當「活動狀態」或「部分確認狀態」檢查動作其中一項失敗時，此時會被要求進入「失敗狀態」，在此狀態中交易將會寫入「UNDO取消」動作，以回復到交易未執行前的狀態。

5. 放棄或終止狀態（Aborted or Terminated State）

是指在「交易失敗」或「交易成功」之後，最後都必須執行交易終止，亦即結束交易（End Transaction）。

由圖9-6中得知，若要「結束交易」功能的話，有**兩種情況**：

下達**確認（Commit）**或**撤回（Rollback）**指令這兩種情況，才會使**交易結束**。因此，如果在交易處理當中，執行操作成功時，則可以**使用確認（Committed）指令**。執行確認指令之後，交易的處理結果就會**真正被反映到資料庫**中。

如果在交易處理當中，執行操作失敗，則可以執行撤回（Rollback）指令。執行撤回指令之後，原來的交易操作會變成無效；亦即資料會回到原本執行處理之前的狀態。

9-4
交易的進行

　　一個完整且成功的交易，必須要經過一連串的交易動作，因此，我們必須要了解每一個交易動作的目的。如下所示：

1. BEGIN TRANSACTION（又可寫成BEGIN TRAN）

定義▶▶　表示開始執行交易。如果交易成功，就使用確認交易COMMIT TRAN指令結束。

格式▶▶

```
BEGIN TRAN
    …………
COMMIT TRAN
```

但是，如果交易失敗，回復交易是使用ROLLBACK TRAN指令結束。

格式▶▶

```
BEGIN TRAN
    …………
ROLLBACK TRAN
```

2. READ或WRITE

定義▶▶　表示對資料庫進行讀寫動作。

範例▶▶　新增（寫入動作）一筆紀錄到「學生資料表」中。

```
BEGIN TRAN
INSERT 學生資料表 VALUES('S001', '張三')
-----------
------
---------------
COMMIT TRAN
```

3. 同步控制動作檢查

定義 ▶▶ 　對資料庫的各種操作完成之後，即可進入**部分確認狀態**，並且準備進入 COMMIT，在此，某些同步控制動作將檢查其是否干擾其他正在執行中的交易；同時，也會有某些復原協定會去檢查。

```
BEGIN TRAN
INSERT 學生資料表 VALUES('S001', '張三')
IF @@ERROR<>0              --判斷是否有錯誤發生
    ROLLBACK TRAN
ELSE
    COMMIT TRAN
```

> 註：在Transaction中的每一項操作結束後都必須檢查@@ERROR，如果有錯誤產生時，則@@ERROR就不等於0。

4. COMMIT TRANSACTION（又可寫成COMMIT TRAN、COMMIT或COMMIT WORK）

定義 ▶▶ 　確認交易（Commit）：如果交易執行過程**沒有錯誤**，**下達COMMIT指令**，將交易更改的**資料實際寫入資料庫**，以便執行下一個交易，如下所示：

```
BEGIN TRAN
INSERT 學生資料表 VALUES('S001', '張三')
IF @@ERROR<>0              --判斷是否有錯誤發生
    ROLLBACK TRAN
ELSE
    COMMIT TRAN            --確認交易
```

確認交易成功，並且保證交易的資料更新一定會反映到資料庫中，因此，其對資料庫所做的改變會被確認，而不會被UNDO掉。

5. ROLLBACK TRANSACTION

（又可寫成ROLLBACK TRAN, ROLLBACK或ROLLBACK WORK）

定義 ▶▶ 　回復交易（Rollback）：如果交易執行過程**有錯誤**，就是**下達ROLLBACK指令放棄交易**，並將資料庫回復到交易前狀態，如下所示：

```
BEGIN TRAN
INSERT 學生資料表 VALUES('S001', '張三')
IF @@ERROR<>0
    ROLLBACK TRAN              --回復交易
ELSE
    COMMIT TRAN
```

6. UNDO

與ROLLBACK動作相似,但是只會被用來回復到未進行單一動作前的狀態,而不是整個交易。

7. REDO

這是要重複執行某一交易中的動作,以確定所有已被確認的交易動作已經成功的作用在資料庫中。

範 例 1 確認對資料庫所做的交易

SQL指令
Begin Transaction;
INSERT INTO 產品資料表VALUES('A005', '桌球衣','1200');
COMMIT ;   --確認交易
Select * From 產品資料表

產品資料表

	產品代號	品名	單價
#1	C001	羽球拍	3000
#2	B004	桌球鞋	2300
#3	A005	桌球衣	1200

❈圖9-8

範例2 回復對資料庫所做的交易

SQL指令

```
Begin Transaction;
INSERT INTO 產品資料表VALUES('D001', '網球拍','3000');
INSERT INTO 產品資料表VALUES('D002', '網球','100');
Rollback ;                    --回復交易
Select * From 產品資料表
```

產品資料表

	產品代號	品名	單價
#1	C001	羽球拍	3000
#2	B004	桌球鞋	2300

圖9-9

(C) 1. 您在交易中執行會從資料表刪除100個資料列的陳述式。僅刪除40個資料列
之後，交易就失敗了。資料庫中的結果是什麼？
(A)資料表會損毀
(B)交易會重新啓動
(C)不會從資料表刪除任何資料列
(D)會從資料表刪除四十(40)個資料列

解析 交易（Transaction）乃是一連串不可分割的資料庫操作指令的集合。當交易裡
的每一個操作指令都成功時，該筆交易才算成功；否則，交易就算失敗，必須
恢復到交易前的資料狀態。

CHAPTER **10**

MTA Certification

檢視表（View）

● 本章學習目標

1. 讓讀者瞭解檢視表（View）的意義。

2. 讓讀者瞭解如何建立、修改及刪除檢視表。

● 本章內容

10-1 檢視表（View）

View有人稱為「**視界**」、「**檢視表**」或「**虛擬資料表**」，事實上，不管稱為「視界」或「檢視表」，這些都是由View翻譯過來的名詞，因此，View這個英文字還是最能傳達關聯式資料庫「**過濾**」**的觀念**。

定義▶▶| 檢視表（View）其實只是**基底表格（Base Table）的一個「小窗口」而已**，因為檢視表（View Table）往往**只是基底表格的一部分而非全部**。

作法▶▶| 我們可以利用SQL結構化查詢語言，將我們需要的資料從各個資料表中挑選出來，整合成一張新的資料表。

概念圖▶▶|

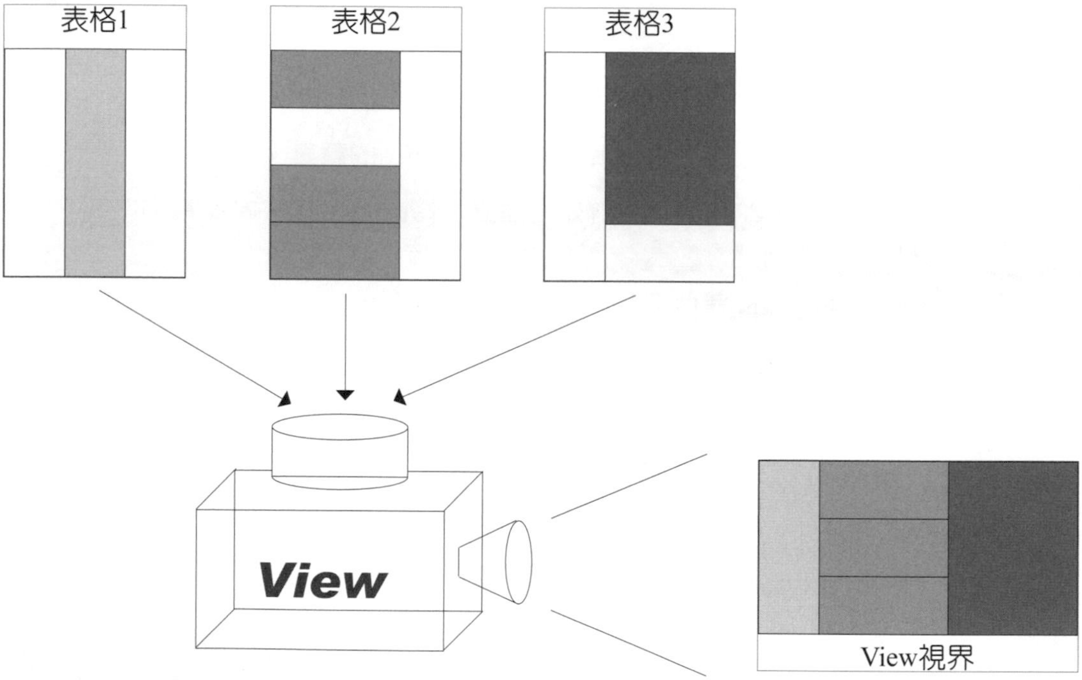

圖10-1

View與ANSI/SPARC架構的關係

檢視表（View Table）在關聯式系統中的地位相當於**ANSI/SPARC資料庫**中，三層綱目架構上的**外部層（External Level）**。因為它只是在實際資料表之外的一個虛擬資料表，**實際上並沒有儲存資料**。

「基底表格」與「虛擬資料表」的關係

假設現在有兩個基底表格（Base Table），分別為「課程資料表」及「老師資料表」，在透過SQL查詢之後，**合併成一個使用者需求的資料表**，即稱為「**虛擬資料表**」。如下圖10-2所示：

基底表格(Base Table)

課程資料表

課程代碼	課程名稱	老師編號	學分數	必選修
A001	VB程式語言	T001	4	必
A002	互動式網頁程式設計	T001	3	選
A003	計算機概論	T003	2	必
A004	資料庫系統	T004	3	必
A005	網路教學概論	T005	4	選

視界表格(View Table)

虛擬資料表

老師姓名	課程名稱	參考書目
李春雄	VB程式語言	文京出版
李春雄	互動式網頁程式設計	文京出版
李慶章	計算機概論	文魁出版
葉道明	資料庫系統	旗標出版
溫嘉榮	網路教學概論	全華出版

View Select

老師資料表

老師編號	老師姓名	電子信箱	參考書目
T001	李春雄	t001@icemail.nknu.edu.tw	文京出版
T002	鄭忠煌	t002@icemail.nknu.edu.tw	松崗出版
T003	李慶章	t003@mail.tnssh.tn.edu.tw	文魁出版
T004	葉道明	t004@mail.ltsh.ilc.edu.tw	旗標出版
T005	溫嘉榮	t005@mail.ltsh.ilc.edu.tw	全華出版

✘✘圖10-2

作法▶▶ **檢視表（View Table）**的**資料來源**在於**數個基底表格**（Base Table）；也就是說，透過View Select語法的查詢，來建立一個新的虛擬資料表，使用者可以依不同的需求，來撰寫不同的SQL指令，進而查詢出使用者所需要的結果。

10-2 View的用途與優缺點

● ● ● ● ●

View檢視表的**主要用途**，就是可以提供**不同的使用者不同的查詢資訊**。因此，我們可以歸納為下列幾項用途：

1. 讓不同使用者對於資料有不同的觀點與使用範圍。

例如：教務處是以學生的「學業成績」為主要觀點。

學務處是以學生的「操行成績」為主要觀點。

2. 定義不同的視界，讓使用者看到的是資料過濾後的資訊。

例如：一般使用者所看到的資訊只是管理者的部分子集合。

3. 有保密與資料隱藏的作用。

例如：個人可以看到個人全部資訊，但是，無法觀看他人的資料（如：薪資、紅利、年終獎金等）。

4. 絕大部分的視界僅能做查詢，不能做更新。

View的優點

1. 降低複雜度

如果我們要查詢的資料是來自多個資料表時，利用檢視表（View）就可以將所要查詢的欄位資料集合成檢視表中的欄位。亦即把複雜的表格關係利用View來表現，較能提高閱讀性。

例如：公司老闆所需的摘要式資訊報表。

2. 提高保密性

如果我們不想公開整個資料表中的全部欄位資料時，則利用View檢視表就可以有效地隱藏個人的隱私資料，以達成保密措施。亦即針對不同使用者，可產生不同權限設定的View。

例如：公司員工只能查詢個人的薪資，無法查詢他人。

3. 提高程式維護性

當應用程式透過View檢視表來存取資料表時，如果基底表格的架構改變時，無需改變應用程式，只要修改View檢視表即可。

例如：當公司員工升遷為經理時，則查詢的權限直接升級。

View的缺點

1. 執行效率差

因為View檢視表每次都是經由多個資料表合併產生的，所以，必須花費較多時間。

2. 操作限制較多

因為VIEW檢視表在進行「刪除及修改」資料時，必須要符合某些特定的條件才能夠更新，例如：檢視表的建立指令不能包含GROUP BY、DISTINCT、聚合函數。

10-3 建立檢視表（CREATE VIEW）●●●●●

定義▶▶ 是指建立「檢視表」（或稱視界、虛擬資料表）。

格式▶▶

```
CREATE VIEW檢視表名稱[(欄位1,欄位2,…,欄位n)]
[WITH {Encryption | SchemaBinding]
AS
SELECT <屬性集合>
FROM <基底表格>
[WHERE <條件>]                  } Select_statement
[GROUP BY <屬性集合>]
[HAVING <條件>]
[WITH Check Option]
```

說明▶▶
1. **WITH Encryption關鍵字**　是指建立檢視表的同時設定「**加密**」之選項。但是，一旦被加密之後的檢視表，就無法再進行解密。因此，必須要再重寫。所以，一般的作法就是：製作二份檢視表，一份是沒有加密（維護使用），另一份則是已加密。

2. **WITH SchemaBinding關鍵字**　是指用來**繫結檢視表**底層表格的**結構**，亦即當檢視表所參考的來源資料表的結構有被異動時，DBMS將會自動產生警告訊息。

3. **WITH Check Option關鍵字**　是指用來**檢查**異動資料項是否符合設定的**限制條件**。

注意▶▶ 基本上，**檢視表中的欄位名稱**都是來自於**Select_statement中的<屬性集合>**，因此，「**檢視表**」中的欄位名稱之資料型態會與「**基底表格**」中的欄位名稱相同。

建立來自「單一資料表」的檢視表

定義▶▶ 是指檢視表中的欄位名稱是來自於「單一資料表」。

範例▶▶ 建立一個「學生檢視表」，而資料來源是底層的「學生資料表」。

解答▶▶

SQL指令
use ch10_DB
go
CREATE VIEW 學生檢視表
AS
SELECT *
FROM 學生資料表

建立來自「多個資料表」的檢視表

定義▶▶ 是指檢視表中的欄位名稱是來自於「多個資料表」。

範例▶▶ 建立一個「資管系學生檢視表」，而資料來源是底層的「學生資料表」與「科系代碼表」。

解答▶▶

SQL指令
use ch10_DB
go
CREATE VIEW 資管系學生檢視表
AS
SELECT A.學號,姓名,系名,系主任
FROM 學生資料表 AS A,科系代碼表 AS B
WHERE A.系碼 =B.系碼 AND 系名='資管系'

建立來自「一個檢視表及一個基底表格」的檢視表

定義▶▶ 是指檢視表中的欄位名稱是來自於「一個檢視表及一個基底表格」。

範例▶▶ 建立一個「資管系學生選課之檢視表」，而資料來源是底層的「選課資料表」及一個「資管系學生檢視表」。

解答▶▶

SQL指令
use ch10_DB
go
CREATE VIEW 資管系學生選課之檢視表
AS
SELECT A.學號,姓名,課號,成績
FROM 資管系學生檢視表 AS A,選課資料表 AS B
WHERE A.學號 =B.學號 AND 系名='資管系'

建立來自「一個具有別名」的檢視表

定義▶▶ 是指檢視表中的欄位名稱「具有別名」，或來自具有別名的資料表。

範例▶▶ 建立一個「科系對照檢視表」，而資料來源是底層的「學生資料表」與「科系代碼表」，並利用別名，將「系碼」別名命為「科系代碼」，「系名」別名命為「科系名稱」。

解答▶▶ **方法一**：在SELECT敘述後使用別名。

SQL指令
use ch10_DB
go
CREATE VIEW 科系對照檢視表_1
AS
SELECT A.學號,姓名,B.系碼 AS 科系代碼,系名 AS 科系名稱
FROM 學生資料表 AS A,科系代碼表 AS B
WHERE A.系碼 =B.系碼 AND 系名='資管系'

方法二：在檢視表名稱後加入別名。

SQL指令
use ch10_DB
go
CREATE VIEW 科系對照檢視表_2(學號,姓名,科系代碼,科系名稱)
AS
SELECT A.學號,姓名,B.系碼,系名
FROM 學生資料表 AS A,科系代碼表 AS B
WHERE A.系碼 =B.系碼 AND 系名='資管系'

10-3-1 新增記錄到檢視表（INSERT VIEW）

定義▶▶ 是指**新增資料**到已經存在的**虛擬表格**內。

格式▶▶

INSERT INTO 虛擬表格 <屬性集合>
VALUES(<限制值集合> | <SELECT指令>)

範例▶▶ 新增一筆記錄到學生檢查表中。

解答▶▶

SQL指令
INSERT INTO 學生檢視表
VALUES('S0006', '六合','D001')

執行結果▶▶

	學號	姓名	系碼
1	S0006	六合	D001
2	S0001	張三	D001
3	S0002	李四	D002
4	S0003	王五	D003
5	S0004	陳明	D001
6	S0005	李安	D004

❁圖10-3

注意▶▶ 「虛擬表格」新增資料時，「基底資料表」也會自動對映新增資料。

10-3-2 更改檢視表中的記錄（UPDATE VIEW）

定義 更改虛擬表格中的值組（記錄）之屬性值。

格式

```
UPDATE 虛擬表格
SET {<屬性>=<屬性值>}
[WHERE <選擇條件>]
```

範例 修改學生檢視表中的屬性值。

解答

SQL指令

```
UPDATE 學生檢視表
SET 系碼='D002'
WHERE 學號='S0006'
```

執行結果

	學號	姓名	系碼
1	S0006	六合	D001
2	S0001	張三	D001
3	S0002	李四	D002
4	S0003	王五	D003
5	S0004	陳明	D001
6	S0005	李安	D004

→

	學號	姓名	系碼
1	S0006	六合	D002
2	S0001	張三	D001
3	S0002	李四	D002
4	S0003	王五	D003
5	S0004	陳明	D001
6	S0005	李安	D004

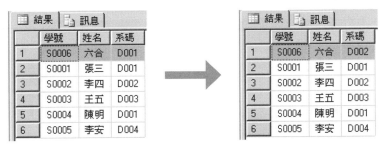

圖10-4

注意 虛擬表格修改資料時，基底資料表也會自動對映修改資料。

重要觀念

基本上，我們也可以透過視界來「刪除及修改」資料，但是視界在進行操作時，必須符合下列條件方能成為可更新：

1. 視界的來源資料表只能有一個資料表。
2. 視界的建立指令中不含GROUP BY、DISTINCT、聚合函數。
3. 檢視表必須要包含原資料表的主鍵，否則無法異動。
4. SELECT指令中不可直接含有DISTINCT關鍵字。
5. 不能有GROUP BY子句，也不能有HAVING子句。
6. 異動反應到基底資料表時，也必須符合基底資料表的條件約束。

SELECT的限制

1. 不能使用COMPUTE子句、COMPUTE BY子句、ORDER BY子句、OPTION子句或INTO子句。

2. 如果包含有DISTINCT、GROUP BY、HAVING時，則檢視無法做任何的異動，只能查詢。

10-4 **修**改檢視表（ALTER VIEW）

定義 ▸▸ 是指修改已經存在的虛擬表格。

格式 ▸▸ 與**CREATE VIEW相同**，只是**將CREATE改為ALTER**。

```
ALTER  VIEW 視界名稱[(欄位1,欄位2,…,欄位n)]
[WITH ENCRYPTION ]
AS
SELECT <屬性集合>
FROM <基本表>
[WHERE <條件>]
[GROUP BY <屬性集合>]
[HAVING <條件>]
[WITH CHECK OPTION]
```

修改「檢查異動資料的值組完整性」的檢視表之條件

定義 ▸▸ 是指利用「ALTER VIEW」修改已經設定「檢查異動資料的值組完整性」的檢視表。

範例 ▸▸ 將已經建立的「資管系學生成績及格成績之檢視表」取消它的「檢查異動資料的值組完整性」規則（註：假設及格改為70分）。

解答 ▸▸

SQL指令
use ch10_DB
go
ALTER VIEW 資管系學生成績及格成績之檢視表
AS
SELECT A.學號,姓名,課號,成績
FROM 資管系學生檢視表 AS A,選課資料表 AS B
WHERE A.學號 =B.學號 AND 系名='資管系' And 成績>=70

10-5
刪除檢視表（DROP VIEW）

定義▶▶ 是指刪除已經存在的虛擬表格。

格式▶▶

> DROP　VIEW　檢視表名稱

注意▶▶ DROP VIEW並不會影響到該視界所參考的基底資料表。

一次刪除一個檢視表

範例▶▶ 請刪除「學生檢視表」。

SQL指令
use ch10_DB go **DROP VIEW 學生檢視表**

一次同時刪除多個檢視表

範例▶▶ 請刪除「科系對照檢視表_1」與「科系對照檢視表_2」。

SQL指令
use ch10_DB go **DROP VIEW 科系對照檢視表_1,科系對照檢視表_2**

（ C ）1. 檢視可用來：
　　(A)確保參考完整性
　　(B)在另一個資料表儲存額外的資料副本
　　(C)限制存取資料表中特定資料列或資料行的資料
　　(D)從基底資料表刪除歷程記錄資料之前先予以儲存

解析　「檢視View」有人稱為「視界」、「檢視表」或「虛擬資料表」，其實它只是基底表格（Base Table）的一個「小窗口」而已，因為檢視表往往只是基底表格的一部分而非全部。

【概念圖】

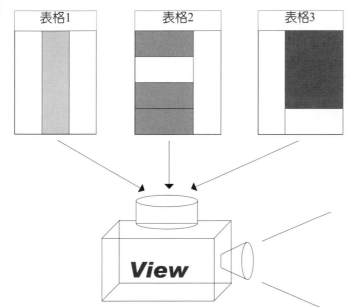

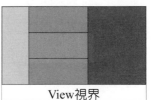

View視界

(D) 2. 您需要從資料庫移除名為Employee View的檢視。您應該使用哪一個陳述式？

(A)DELETE Employee View

(B)DELETE VIEW Employee View

(C)DROP Employee View

(D)DROP VIEW Employee View

解析 DDL語言提供的三種指令表：

Database	Table	View
(1)Create Database	(1)Create Table	(1)Create View
(2)Alter Database	(2)Alter Table	(2)Alter View
(3)Drop Database	(3)Drop Table	(3)Drop View

【定義】DROP VIEW是指刪除已經存在的虛擬表格。

【格式】

DROP VIEW 檢視表名稱

【注意】DROP VIEW並不會影響到該視界所參考的基底資料表。

【實例】請刪除「學生檢視表」

SQL指令
DROP VIEW 學生檢視表

(B) 3. CREATE VIEW陳述式中必須包含哪個關鍵字？
　　　(A)ORDER BY　　　　　　　(B)SELECT
　　　(C)UPDATE　　　　　　　　(D)WHERE

解析　建立檢視表（CREATE VIEW）

【格式】

CREATE VIEW檢視表名稱[(欄位1,欄位2,…,欄位n)]
[WITH {Encryption | SchemaBinding]
AS
SELECT <屬性集合>
FROM <基底表格>
[WHERE <條件>]
[GROUP BY <屬性集合>]
[HAVING <條件>]
[WITH Check Option]

（SELECT 至 HAVING 合併標示為 Select_statement）

【實例】建立一個「學生檢視表」，而資料來源是底層的「學生資料表」

SQL指令
CREATE VIEW 學生檢視表
AS
SELECT *
FROM 學生資料表

(C) 4. 您需要建立檢視以從基礎資料表篩選資料列。您必須在CREATE VIEW陳述式中，包含哪種類型的子句？

(A)JOIN   (B)FILTER

(C)WHERE   (D)CONSTRAINT

解析

```
CREATE VIEW檢視表名稱[(欄位1,欄位2,…,欄位n)]
[WITH {Encryption | SchemaBinding]
AS
SELECT <屬性集合>        ⎫
FROM <基底表格>          ⎪
[WHERE <條件>]           ⎬ Select_statement
[GROUP BY <屬性集合>]    ⎪
[HAVING <條件>]          ⎭
[WITH Check Option]
```

【實例】

建立一個「資管系學生檢視表」，而資料來源是底層的「學生資料表」

SQL指令
CREATE VIEW 學生檢視表
AS
SELECT *
FROM 學生資料表
WHERE 系名='資管系'

（A,B,C） 5. 一個檢視可代表：（請選擇三個答案）

　　　　(A)一個或多個表格中的資料組合

　　　　(B)一個或多個檢視中的資料組合

　　　　(C)表格及檢視所組合而成的資料

　　　　(D)只能從一個表格來的資料

解析 1. 建立來自「單一資料表」的檢視表

```
CREATE VIEW 學生檢視表
AS
SELECT *
FROM 學生資料表
```

2. 建立來自「多個資料表」的檢視表

```
CREATEVIEW資管系學生檢視表
AS
SELECTA.學號,姓名,系名,系主任
FROM學生資料表ASA,科系代碼表ASB
WHEREA.系碼=B.系碼AND系名='資管系'
```

3. 建立來自「一個檢視表及一個基底表格」的檢視表

```
CREATEVIEW資管系學生選課之檢視表
AS
SELECTA.學號,姓名,課號,成績
FROM資管系學生檢視表ASA,選課資料表ASB
WHEREA.學號=B.學號AND系名='資管系'
```

MTA 題庫解析

(B) 6. 下列何者在檢視內不能使用？

　　(A)HAVING　　　　　　　　　(B)COMPUTE

　　(C)WHERE　　　　　　　　　(D)AVG

解析 在定義檢視時，其SELECT子句的限制如下：

　1. 不能使用COMPUTE子句、COMPUTE BY子句、ORDER BY子句、OPTION
　　 子句或INTO子句。

　2. 如果包含有DISTINCT、GROUP BY、HAVING時，則檢視無法做任何的異
　　 動，只能查詢。

(C) 7. CREATE VIEW最多可使用多少個欄位？

　　(A)16　　　　　　　　　　　(B)32

　　(C)無限制　　　　　　　　　(D)255

解析 背起來！

(C) 8. 您有一個名為Product的資料表。您建立包含Product資料表中Furniture類別目錄所有產品的檢視。您在Product資料表執行刪除Furniture類別目錄所有產品的陳述式。執行該陳述式之後，檢視的結果集會：
(A)被封存　　　　　　　　(B)被刪除
(C)是空的　　　　　　　　(D)未變更

解析

步驟一：建立Product的資料表	步驟二：建立Furniture類別檢視表
	Use TestDB
p_no p_name 1 001 pc 2 002 Furniture1 3 003 Furniture2 4 004 Furniture3	go CREATE VIEW Furniture 類別檢視表 AS SELECT FROM dbo.Product Where p_namelike'Furniture%' p_no p_name 1 002 Furniture1 2 003 Furniture2 3 004 Furniture3
步驟三：在Product資料表執行刪除Furniture類別	**查詢檢視的結果**
Use TestDB go delete FROM dbo.Product Where p_name like'Furniture%'	select from Furniture 類別檢視表 p_no p_name

NOTE

CHAPTER 11

MTA Certification

預存與觸發程序

11-1 何謂預存程序（Stored Procedure）

定義 ▶▶ **預存程序**就像是程式語言中的**副程式**，我們可以將常用的查詢或對資料庫進行複雜的操作指令預先寫好存放在資料庫裡，這些<u>預先儲存的整批指令</u>就稱為「**預存程序**」。

作法 ▶▶ 將整批SQL指令預先寫好，存放在資料庫裡面，然後在適當的時機以單一SQL指令執行它。

未使用與使用預存程序之差異

撰寫SQL指令，基本上有兩種方法：

1. 未使用預存程序：是指將T-SQL程式儲存在用戶（Client）端。
2. 使用預存程序：是指將T-SQL程式儲存為SQL Server的預存程序。

未使用預存程序

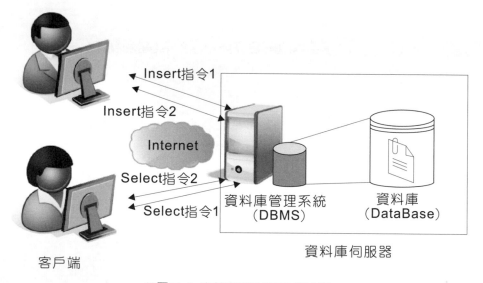

❖圖11-1 未使用預存程序架構圖

說明 ▶▶ 當使用者對資料庫有**許多查詢需求時**，客戶端的應用程式就必須**每次都要發佈一連串的SQL指令**，如此一來，將會導致「客戶端」與「資料庫伺服器」之間的**負荷提高**，並且**降低執行效率**。

使用預存程序

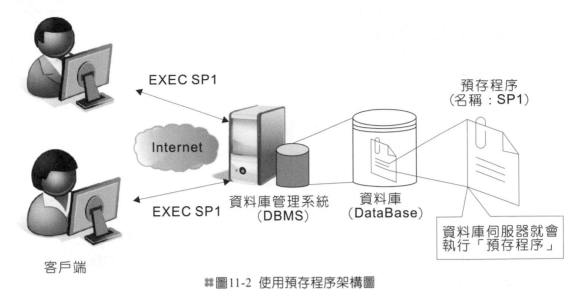

☰圖11-2 使用預存程序架構圖

說明▶▶ 當使用者對資料庫有**許多查詢需求時**,則客戶端的應用程式**只需要發佈呼叫「預存程序」的指令即可**。因此,就不需要每次都發佈一連串的SQL指令。如此一來,將可以降低「客戶端」與「資料庫伺服器」之間的負荷,並且提高執行效率。

11-2 預存程序的優點與缺點

由於**預存程序**是一種直接在**資料庫伺服端上執行的SQL程序**,因此,客戶端的「使用者」只要透過呼叫預存程序名稱,即可執行「資料庫伺服端」上的預存程序之SQL指令。基本上,我們會將**「常用」**且**「固定」異動操作**(如:新增、修改、刪除)或**查詢動作**撰寫成預存程序,以達到以下四項優點:

一、預存程序(Store Procedure)優點

1. 提高執行效率

預存程序(Store Procedure)的每一行SQL指令,**只要事先編譯過一次**,就可以進行剖析和最佳化;而傳統的T-SQL指令,則是每次執行時都要反覆地從用戶端傳到伺服器。因此,預存程序比傳統T-SQL指令的執行速度來得快。

2. 減少網路流量

利用EXECUTE指令來執行預存程序時,就不需要每次在網路上傳送數十行至數百行的T-SQL程式碼。只要在前端送出一條執行預存程序的指令即可。

3. 增加資料的安全性

預存程序與檢視表相同,都是將使用者常用且固定的查詢操作,利用T-SQL指令撰寫成一段類似副程式的程序,**讓使用者不會直接接觸到基底資料表**,以達到資料的安全性。

4. 模組化以便重複使用

設計者只要建立一次預存程序,並且將它儲存在資料庫中,爾後就可以**提供不同使用者重複使用**。

二、預存程序(Store Procedure)缺點

✦ 可攜性較差

可攜性較差是預存程序的主要缺點,因為每一家RDBMS廠商所提供的預存程序之程式語法不盡相同。**MS SQL Server是以T-SQL**來撰寫預存程序;**Oracle則用PL-SQL**。

11-3
預存程序的種類

基本上，在SQL Server中，它提供三種不同的預存程序來讓使用者呼叫。

一、系統預存程序

定義▸▸ 它是**以sp_開頭名稱**，所建立的預存程序。

目的▸▸ 用來管理或查詢系統相關的資訊。

執行步驟▸▸ 進入SQL Server Enterprise Manager、執行「資料庫／ch11_DB／可程式性／預存程序／系統預存程序」找到系統提供的預存程序。如下所示：

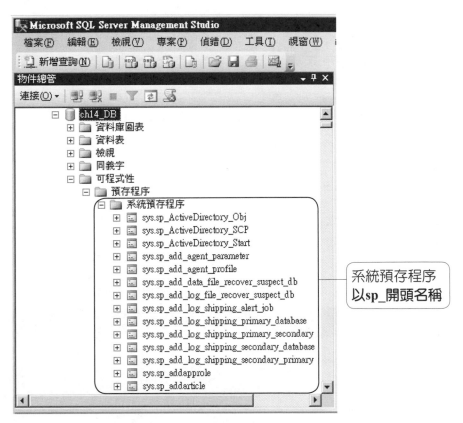

❈圖11-3

範例▶| 請先建立一個檢視表——「高雄市客戶檢視表」，再透過sp_helptext「系統預存程序」來查詢此檢視表的T-SQL指令。

```
程式碼

use ch11_DB
go
Create View 高雄市客戶檢視表
AS
Select *
From dbo.客戶資料表
Where 城市='高雄市'
go
Select * From 高雄市客戶檢視表
Exec sp_helptext '高雄市客戶檢視表'  --查詢此檢視表的T-SQL指令
```

執行結果▶|

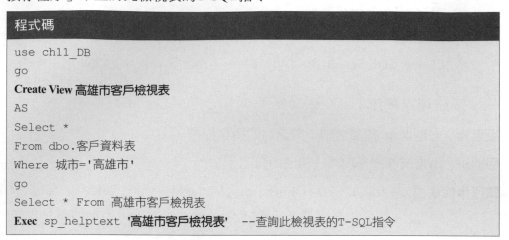

❖圖11-4

範例 1

利用「系統預存程序」來查詢**目前資料庫系統的使用者**有哪些？

```
程式碼

Exec sp_who
go
```

執行結果▸▸

✜圖11-5

您可以直接指定查詢「sa」的處理程序。

```
Exec sp_who 'sa'
```

您也可以直接查詢目前正在使用中的處理程序。

```
Exec sp_who 'active'
```

範 例 2

如何利用sp_detach_db「系統預存程序」來**卸離資料庫**？

程式碼

```
EXEC sp_detach_db 'ch11_DB'
```

注意▸▸ 在進行卸離資料庫動作時，必須將游標移到其他資料庫，否則無法進行。

範 例 3

如何利用sp_attach_db「系統預存程序」來**附加資料庫**？

首先將附書光碟中的ch11_DB.mdf與ch11_DB_log.ldf這兩個檔案同時複製到「D:\dbms」目錄下。

程式碼

```
EXEC sp_attach_db 'ch11_DB',
    'D:\dbms\ch11_DB.mdf',
    'D:\dbms\ch11_DB_log.ldf'
```

範例 4

如何利用sp_helpdb「系統預存程序」來查詢**目前全部的資料庫**？

程式碼
EXEC **sp_helpdb**

範例 5

如何利用sp_renamedb「系統預存程序」來**更改**指定**資料庫的名稱**？

程式碼
EXEC **sp_renamedb** 'ch11_DB_OLD','ch11_DB_NEW'

二、擴充預存程序

定義▶▶ 是指利用傳統程式語言來撰寫，以擴充T-SQL的功能。並且它是以xp_開頭名稱，所建立的預存程序。

目的▶▶ 用來處理傳統T-SQL程式無法達成功能。

執行步驟▶▶ 進入SQL Server Enterprise Manager、執行「資料庫／ch11_DB／可程式性／預存程序／系統預存程序」找到系統提供的預存程序。如圖11-6所示：

擴充預存程序
以xp_開頭名稱

✂圖11-6

三、使用者自定預存程序

定義▶▶ 是指由使用者自行設計預存程序,其方法與撰寫一般的副程式相同,都必須要命名一個名稱,但是**在命名時最好不要以sp_或xp_開頭**,否則容易與系統預存程序與擴充預存程序混淆。

目的▶▶ 可以依使用者的需求來設計預存程序。

執行步驟▶▶ 進入SQL Server Enterprise Manager、執行「資料庫/ch11_DB/可程式性/預存程序」。如圖11-7所示:

❖圖11-7

11-4
建立與維護預存程序

在本單元中,我們將介紹如何建立預存程序,並且在建立之後,如何維護此預存程序。

11-4-1 建立預存程序

定義▶▶ 資料庫管理師依使用者的需求來建立預存程序。

語法▶▶

```
CREATE PROC[EDURE] procedure_name[;number]
    [ {@parameter data_type} [VARYING] [= default] [OUTPUT] ]
    [WITH {  RECOMPILE  |  ENCRYPTION  |  RECOMPILE, ENCRYPTION  }]
    [FOR REPLICATION]
AS
    T-SQL_Statement
```

符號說明▶▶

1. { | }代表在大括號內的項目是必要項,但可以擇一。

2. [ ]代表在中括號內的項目是非必要項,依實際情況來選擇。

關鍵字說明▶▶

1. PROC[EDURE]:**建立預存程序**的關鍵字有兩種寫法:

   (1) **簡寫:PROC**

   (2) **全名:PROCEDURE**

2. **procedure_name**:代表欲**建立**的**預存程序**的名稱。

3. **number**:用來管理**相同預存程序之群組**。

4. **@parameter data_type**:用來**宣告參數的資料型態**。以作為預存程序傳入或傳出之用。

5. **default**:用來設定所宣告之**參數的預設值**。

6. **OUTPUT**:用來**輸出參數傳回的結果**。

7. **RECOMPILE**：代表每次執行此預存程序時，都會再**重新編譯**。其目的是當預存程序有異動時，能夠提供最佳的執行效能。但是，如果有指定FOR REPLICATION時，就不能指定此選項功能。

8. **ENCRYPTION**：用來將設計者撰寫的預存程序進行編碼，亦即所謂的「**加密**」。

9. **FOR REPLICATION**：是指用來設定此預存程序只能**提供「複寫」功能**。注意：此選項功能不能與WITH RECOMPILE同時使用。

實作 將目前的「客戶資料表」中，住在「高雄市」的客戶，建立成一個預存程序。

1. 建立預存程序

```
use ch11_DB
go
Create PROC 高雄市客戶之預存程序
AS
Select *
From dbo.客戶資料表
Where 城市='高雄市'
```

2. 執行預存程序

```
EXEC 高雄市客戶之預存程序
```

執行結果

結果 | 訊息

	客戶代號	客戶姓名	電話	城市	區域
1	C02	李四	07-7878788	高雄市	三民區
2	C05	陳明	07-3355777	高雄市	三民區

圖11-8

注意：預存程序內的欄位名稱是來自於SQL敘述中的Select後的欄位串列。

11-4-2 修改預存程序

定義▶▶ 用來修改已經存在的預存程序。

語法▶▶ 與建立預存程序相同，只要**將CREATE改為ALTER**即可。

實作▶▶ 將已經建立完成的「高雄市客戶之預存程序」，改為只列出「客戶姓名、電話及城市」等三個欄位的預存程序。

1. 修改預存程序

```
use ch11_DB
go
ALTER PROC 高雄市客戶之預存程序
AS
SELECT 客戶姓名,電話,城市
FROM dbo.客戶資料表
WHERE 城市='高雄市'
```

2. 執行預存程序

```
EXEC 高雄市客戶之預存程序
```

執行結果▶▶

	客戶姓名	電話	城市
1	李四	07-7878788	高雄市
2	陳明	07-3355777	高雄市

❋圖11-9

11-4-3 刪除預存程序

定義▶▶ 用來刪除已經存在的預存程序。

語法▶▶

DROP PROC[EDURE] 預存程序名稱

實作▶▶ 將已經建立完成的「高雄市客戶之預存程序」刪除。

```
use ch11_DB
go
DROP PROC 高雄市客戶之預存程序
```

11-5 執行預存程序命令

在我們撰寫完預存程序之後，我們要再**透過「EXECUTE」命令來執行**。但是，有些預存程序是帶有參數的，因此，要特別注意輸入參數的數目及順序，否則會產生錯誤。

在執行預存程序命令時，基本上，有**兩種參數傳入方法：**

1. **未指定**傳入參數名稱：它必須要按照預存程序中的參數位置順序。

2. **有指定**傳入參數名稱：不需要按照預存程序中的參數位置順序。

實作▶▶ 請利用帶有傳入參數預存程序來比較「未指定」與「有指定」傳入參數名稱，將在「產品資料表」中，產品名稱為「隨身碟」的產品降價20%。

1. 建立預存程序

```
use ch11_DB
go
CREATE PROC Down_HD_Price_PROC
 @Name CHAR(10),
 @Down_Price float
AS
UPDATE 產品資料表
SET 訂價=訂價*(1-@Down_Price)
WHERE 產品名稱=@Name
go
```

2. 執行預存程序。執行結果如圖11-10所示。

```
SELECT * FROM 產品資料表 Where 產品名稱='隨身碟'
```

	產品代號	產品名稱	顏色	訂價	庫存量	已訂購數量	安全存量
1	P5	隨身碟	紅色	5000	50	30	30

✤圖11-10

11-6 何謂觸發程序（TRIGGER）

定義▶▶ 觸發程序是一種**特殊的預存程序**。觸發程序與資料表是緊密結合的，當資料表發生新增、修改與刪除動作（UPDATE、INSERT或DELETE）時，這些動作會使得事先設定的預存程序自動被執行。

特性▶▶
1. 它是用**T-SQL**寫的程式。
2. 當某種條件成立時**自動地執行**。
3. 它是被動地用**EXEC指令**來執行。
4. 可以確保多個資料表異動時，資料表之間的**一致性**。
5. 當某資料表異動時，**連帶地啟動觸發程序**來完成另一項任務。

優點▶▶
1. 觸發程序可以用來確保資料庫的**完整性規則**。
2. 在分散式的資料庫系統中，利用觸發程序可以確保每一個資料庫之間的**一致性**。
3. 可以讓系統管理者方便**例行性的資料檢查**，以便執行補償性措施。

適用時機▶▶
1. 當刪除一筆學生的學籍資料時，順便將該筆資料加入到「休退學資料表」中。
2. 當學生的曠缺課的節數高於某一規定的門檻值時，自動寄送mail給學生及家長。
3. 當某產品的庫存量低於安全存量時，自動通知管理者。

預存程序與觸發程序之差異

1. **觸發程序**是一種特殊的預存程序。
2. **預存程序**必須要由使用者呼叫時，才會被執行，所以屬於「被動程序」。
3. **觸發程序**由於相依於「所屬的資料表」中，所以，當「所屬的資料表」有被異動操作時，就會被執行，所以屬於「主動程序」。

11-7
觸發程序建立與維護

在本單元中，將介紹如何建立觸發程序，並且在建立之後，爾後如何進行維護的操作。

11-7-1　建立觸發程序

定義▶▶ 用來將設計者撰寫的預存程序進行編碼，亦即所謂的「加密」。

語法▶▶ 是指利用T-SQL指令來建立觸發程序。

```
CREATE TRIGGER trigger_name
ON {BaseTable | ViewTable}
[WITH ENCRYPTION]
{FOR | AFTER | INSTEAD OF}
  { [INSERT] [,] [UPDATE] [,][DELETE] [,]}
    [WITH APPEND]
    [NOT FOR REPLICATION]
AS
    sql_statement[....n]
```

符號說明▶▶

1. { | }代表在大括號內的項目是必要項，但可以擇一。

2. [ ]代表在中括號內的項目是非必要項，依實際情況來選擇。

關鍵字說明▶▶

1. **trigger_name**：是指用來**定義觸發程序名稱**。

2. **BaseTable**：是指用來**設定基底資料表名稱**。

3. **ViewTable**：是指用來設定**檢視表名稱**。

4. **WITH　ENCRYPTION**：用來將設計者撰寫的觸發程序進行編碼，亦即所謂的「**加密**」。

5. **FOR AFTER**：設定**事後處理**之維護性的觸發程序。

6. **FOR INSTEAD OF**：設定**事前預防**之保護性的觸發程序。

7. **INSERT、UPDATE、DELETE**：是指新增、修改及刪除事件。

範例▶▶ 請先建立一個加選課程的觸發程序,再模擬學號'S0005'來加選'C001'課程,如果加選成功,則出現「有同學加選本課程!」

1. 建立觸發程序

```
USE ch11_DB
GO

CREATE TRIGGER Class_Insert
ON 選課資料表
AFTER INSERT
AS
    PRINT '有同學加選本課程!'
GO
```

2. 加選課程Insert

```
INSERT INTO 選課資料表(學號,課號)
VALUES('S0006','C001')
```

執行結果▶▶

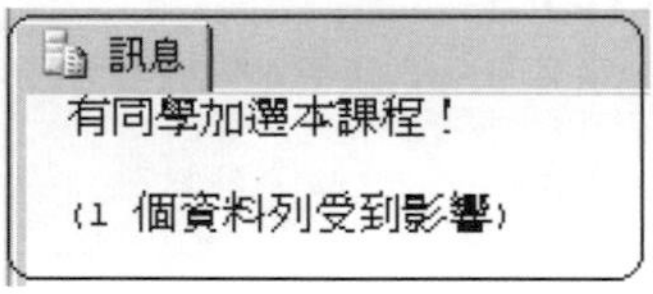

```
訊息
有同學加選本課程!
(1 個資料列受到影響)
```

❄圖11-11

說明▶▶ 在撰寫完成「觸發程序」之程式碼,再按執行之後,其實「觸發程序」是相依於「所屬的資料表」中,所以,當「所屬的資料表」有被異動操作時,就會被執行,所以屬於「主動程序」。如下圖所示:

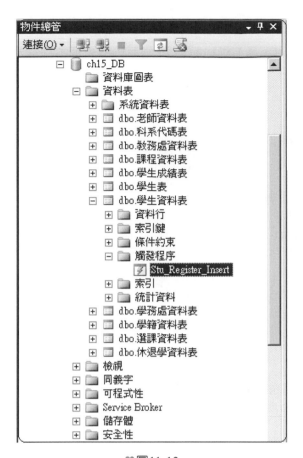

�֎ 圖11-12

11-7-2 修改觸發程序

定義▶▶ 是指對已經存在的觸發程序進行修改。

語法▶▶ 與CREATE TRIGGER相同，只是將CREATE改為ALTER。

```
ALTER TRIGGER trigger_name
ON {BaseTable | ViewTable}
[WITH ENCRYPTION]
{FOR | AFTER | INSTEAD OF}
  { [INSERT] [,] [UPDATE] [,][DELETE] [,]}
   [WITH APPEND]
   [NOT FOR REPLICATION]
AS
  sql_statement[....n]
```

範 例 1

請將「Class_Insert」觸發程序修改為「不能再加選本課程了！」，因為選課人數已額滿了。

1. 建立觸發程序

```
USE ch11_DB
GO

ALTER TRIGGER Class_Insert
ON 選課資料表
AFTER INSERT
AS
    Rollback
    PRINT '不能再加選本課程了！'
GO
```

2. 加選課程Insert

```
INSERT INTO 選課資料表(學號,課號)
VALUES('S0006','C003')
```

執行結果▶▶

```
訊息
不能再加選本課程了！
訊息 3609，層級 16，狀態 1，行 1
交易在觸發程序中結束。已中止批次。
```

❖圖11-13

範例 2

請利用「觸發程序」來過濾，當某課程修課人數超過5人時，它自動會執行觸發程序。

1. 建立觸發程序

```
USE ch11_DB
GO

CREATE TRIGGER Check_Insert_Number
ON 選課資料表
AFTER INSERT
AS
if (SELECT Count(*) AS 選修數目 FROM 選課資料表 Where 課號='C005')>5
  Begin
   Rollback
   PRINT 'C005課號加選人數超過5位同學了，請不要再加選本課程了！'
  End
else
   PRINT '您加選成功了！'
```

2. 加選課程Insert

```
INSERT INTO 選課資料表(學號,課號)
VALUES('S0006','C005')
```

執行結果

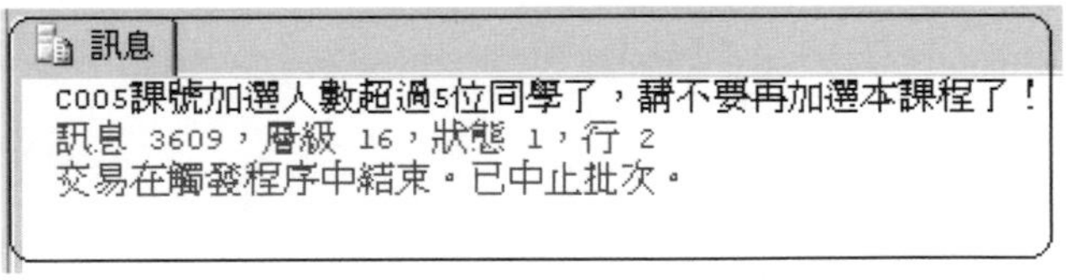
訊息
C005課號加選人數超過5位同學了，請不要再加選本課程了！
訊息 3609，層級 16，狀態 1，行 2
交易在觸發程序中結束。已中止批次。

圖11-14

11-7-3　刪除觸發程序

定義▶▶ 是指對已經存在的觸發程序進行刪除。

語法▶▶ 與CREATE TRIGGER相同,只是將CREATE改為ALTER。

```
DROP TRIGGER trigger_name[,…n]
```

範例▶▶ 請將前面所建立的觸發程序,加以刪除。

建立觸發程序

```
USE ch11_DB
GO
DROP TRIGGER Class_Insert
GO
```

(C) 1. 可在資料庫中執行的具名SQL陳述式群組稱為：

(A)公式　　　　　　　　　　　(B)方法

(C)預存程序　　　　　　　　　(D)副程式

解析

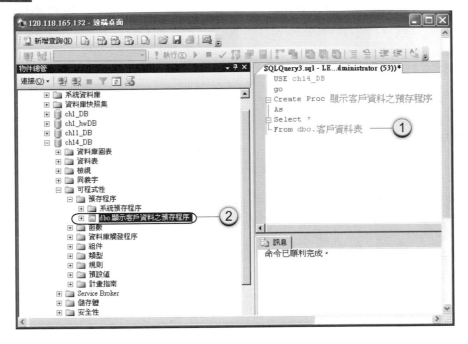

(A) 2. 建立預存程序的其中一個原因是要？
　　　(A)改善效能 　　　　　　　　　(B)三個項目使用的儲存空間
　　　(C)略過區分大小寫的需求 　　　(D)讓使用者可以控制查詢邏輯

解析 預存程序像是程式語言中的副程式，我們可以將常用的查詢，或對資料庫進行複雜的操作指令，預先寫好存放在資料庫裡，這些預先儲存的整批指令就稱為「預存程序」。

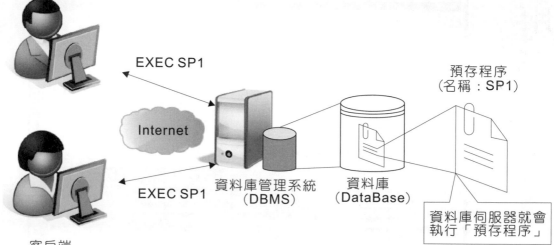

EXEC SP1

預存程序
（名稱：SP1）

Internet

資料庫管理系統
（DBMS）

資料庫
（DataBase）

EXEC SP1

資料庫伺服器就會
執行「預存程序」

客戶端

當使用者對資料庫有許多查詢需求時，客戶端的應用程式只需要發佈呼叫「預存程序」指令即可。因此，就不需要每次都發佈一連串的SQL指令。如此一來，將可以降低「客戶端」與「資料庫伺服器」之間的負荷，並且提高執行效率。

(A) 3. 函式和預存程序的一個差異是函式：
　　　(A)必須傳回值 　　　　　　　　(B)無法接受參數
　　　(C)無法包含交易 　　　　　　　(D)必須從觸發程序呼叫

解析 1. 函式：必須傳回值。例如：GetDate()函數是用來取得目前系統的時間。
　　　2. 預存程序：不一定要傳回值。

（ C,D ） 4. 下列關於預存程序的敘述，哪個正確？（請選擇兩個答案）

(A)執行過一次後，才會被編譯

(B)每次執行必會建立

(C)以存成檔案的方式來提供快速存取

(D)若使用者沒有具備存取該資料庫的權限，仍然可以使用執行程序的方式來變更表格中的資料列

解析 預存程序是一種具名SQL陳述式群組，所以是以檔案的方式來提供快速存取。

（ C ） 5. 下列何者不是預存程序的優點？

(A)可降低網路負載

(B)可增加資料庫的安全性

(C)執行速度快，可攜性佳

(D)可將T-SQL程式模組化，提供不同使用者使用

解析 預存程序（Store Procedure）缺點：

1. 可攜性較差：可攜性較差是預存程序的主要缺點，因為每一家RDBMS廠商所提供的預存程序之程式語法不盡相同，MS SQL Server是以T-SQL來撰寫預存程序，Oracle則用PL-SQL。

（ A ） 6. 若有一個名為tri_name的觸發機制已經建立，下列哪個敘述可以刪除該觸發機制？

(A)DROP TRIGGER tri_name

(B)DROP TRIGGER‘tri_name’

(C)DROP tri_name TRIGGER

(D)DROP(‘tri_name’) TRIGGER

解析 刪除觸發程序是指對已經存在的觸發程序進行刪除。

【語法】

```
DROP TRIGGER trigger_name[,…n]
```

【實例】

```
DROP TRIGGER Class_Insert
```

(C) 7. 下列關於觸發機制的敘述何者正確？
  (A)觸發機制無法在表格中加強主表格與外表格之間的關係
  (B)在含有觸發機制的表格內無法定義限制條件
  (C)觸發機制可以在使用限制條件後執行
  (D)觸發機制可以在使用限制條件前執行

解析 觸發程序是一種特殊的預存程序。因此，當資料表發生新增、修改與刪除動作（UPDATE、INSERT或DELETE）時，這些動作會使得事先設定的預存程序自動被執行。

(B) 8. 下列有關觸發機制的敘述，何者為真？
  (A)觸發機制可以刪除表格
  (B)若表格被刪除，則定義於該表格上的觸發機制也會被刪除
  (C)觸發機制可以改變資料庫的結構
  (D)觸發機制不能執行流程控制的敘述

解析 1. 觸發機制不會異動到資料表的結構。
2. 觸發程序由於相依於「所屬的資料表」中，所以，當「所屬的資料表」被刪除時，則定義於該表格上的觸發機制也會被刪除。

(D) 9. 下列哪一個資料庫的角色可以建立與刪除觸發機制？
  (A)表格的擁有者或是合法授權的擁有者
  (B)僅系統管理者
  (C)僅資料庫管理者
  (D)僅表格的擁有者

解析 觸發程序由於相依於「所屬的資料表」中，因此，只有「表格的擁有者」才能建立與刪除觸發機制。

(C) 10.使用者需要哪個權限才能執行預存程序？
    (A)ALLOW   (B)CALL
    (C)EXECUTE   (D)RUN

解析 在我們撰寫完成預存程序之後，我們要再透過「EXECUTE」命令來執行。

【建立預存程序】

```
usech14_DB
go
Create PROC CITY_CUS_PROC
@City CHAR(10)='高雄市'   ← 傳遞參數設定預設值
AS
Select
From dbo.客戶資料表
Where 城市=@City   ← 傳入參數使用
```

【執行預存程序】沒有指定傳入參數

```
EXEC CITY_CUS_PROC
```

【執行結果】

	客戶代號	客戶姓名	電話	城市	區域
1	C02	李四	07-7878788	高雄市	三民區
2	C05	陳明	07-3355777	高雄市	三民區

(C) 11.資料庫的每一個表格，可以定義三種觸發機制，下列何者為非？
    (A)INSERT   (B)UPDATE
    (C)DROP   (D)DELETE

解析 觸發程序是一種特殊的預存程序。觸發程序與資料表是緊密結合的，當資料表發生新增、修改與刪除動作（UPDATE、INSERT或DELETE）時，這些動作會使得事先設定的預存程序自動被執行。

CHAPTER **12**

MTA Certification

資料庫安全

12-1
資料庫的安全性（Security）

我們都知道資料庫是企業內最重要的資產，因此，身為資訊人員的我們，如何確保資料庫的安全是一件非常重要的任務與責任。

資料庫系統主要是將許多相關的資料表加以集中化管理，雖然有助於資料操作與分享，但是在資料的安全性（Security）上，卻產生了極大的隱憂，因為一旦資料庫被非法入侵者破壞時，將會導致難以評估的後果。因此，唯有做好資料庫安全（Database Security），才能確保企業的生存與競爭力。

既然資料庫的安全性對企業那麼重要，那何謂資料庫安全（Database Security）呢？其實，**資料庫安全**，是指可以保護資料庫儲存的資料，不讓沒有得到授權的使用者進行存取。

基本上，保護資料庫的安全，我們可以從下列不同層面來探討：

1. 實體安全（Physical Security）

是指放置「資料庫系統」的主機必須要在一個有防護設備的環境中。例如：機房的進出都必須要有門鎖，或以刷卡方式來記錄人員資料。但是，實體安全的機制尚無法確保資料百分之百的安全，因此，我們還是必須藉助其他的方法。

2. 作業系統方面（Operating System Level）

是指針對目前的「作業系統」的安全漏洞。導致非法使用者可以直接Login到資料庫系統中，或透過遠端方式進入到主機中，因此，資料庫管理者（DBA）就必須要隨時更新最新官方網站的作業系統軟體版本。

3. 資料庫系統方面（Database System Level）

是指資料庫管理師（DBA）對使用者之授權，依使用者不同的管理層級，給予不同的存取資料的權限。因此，管理層級較高的使用者就會具有「新增、修改及刪除」功能；但是，管理層級較低的使用者可能僅能查詢，而無法進行異動資料。

4. 人為問題（Human Problem）

是指資料庫管理者（DBA）對於已經被授權的使用者，也應該進行不定期的追蹤資料庫的使用歷程。否則，「實體安全」再嚴密，也無法避免不法使用者受誘惑而出賣使用密碼及相關的機密資訊。但是，人為問題可說是「資料庫的安全」中最難預防的問題。

12-2 資料庫安全的目標

基本上，資料庫安全有以下四個目標：

一、保密性（Confidentiality）

定義 ▶▶ 是指用來**預防未授權的資料存取**，以確保資料的「保密性」。

範例 ▶▶ 1. 在公司中，非授權的「員工」無法查詢同事的薪資或紅利獎金。

2. 在學校中，非授權的「老師」無法查詢非授課班級學生的成績。

3. 在醫院中，非授權的「醫師」無法查詢某一病人的病歷資料。

二、完整性（Integrity）

定義 ▶▶ 是指用來**預防未授權的資料異動**，得以維持資料的「正確性」。

範例 ▶▶ 1. 在公司中，「員工」不能更改自己的薪水。

2. 在學校中，「學生」不能更改個人的學業成績，但只能查詢。

3. 在醫院中，「醫師」不能隨意更改某一病人的病歷資料。

三、可用性（Availability）

定義 ▶▶ 是指對已被授權的使用者，就可以**合法及正常使用被授權的資源**。

範例 ▶▶ 1. 在公司中，正式「員工」就可以進行線上學習，以累計學習點數。

2. 在學校中，有學籍「學生」就可以順利的選課。

3. 在醫院中，門診「醫師」就可以記錄該門診病人的病歷資料。

四、認證性（Authentication）

定義 ▶▶ 是指資料庫管理系統（DBMS）必須要能夠**辨識每一位使用者的身分**，以便**提供不同權限的資訊**。

範例 ▶▶ 1. 在公司中，「教育訓練網站」就須能夠辨識使用者為員工、講師及最高主管。

2. 在學校中，「數位學習系統」就須能夠辨識使用者為學生或授課老師。

3. 在醫院中，「網路掛號系統」就須能夠辨識使用者為病友或醫師。

12-3
資料控制語言

各位讀者還記得在本書中的第4章已經介紹SQL所提供三種語言，分別如下：

1. 資料**定義**語言（Data Definition Language; **DDL**）

2. 資料**操作**語言（Data Manipulation Language; **DML**）

3. 資料**控制**語言（Data Control Language; **DCL**）

其中，第三種語言就是所謂資料控制語言（DCL），在第6章並沒有詳細介紹。因此，在本單元中將更進一步來說明DCL。

基本上，**在DCL語言中**，它提供兩個指令來管理使用者的權限。

1. GRANT指令(授予使用權)

定義▶▶　　是指用來「授予」現有資料庫使用者帳號的權限。

語法▶▶

> GRANT 權限 [ON OBJECT]
> TO [使用者 | PUBLIC] [WITH GRANT 選項]

其中，「**權限**」可分為四種：INSERT、UPDATE、DELETE、SELECT。

範例 1

對USER1與USER2「**授予**」SELECT與INSERT對客戶資料表的使用者權限功能。

SQL指令
GRANT SELECT, INSERT ON 客戶資料表 TO USER1, USER2

範例 2

對所有的使用者「**授予**」SELECT的功能權限。

SQL指令
GRANT SELECT ON 客戶資料表 TO PUBLIC

範 例 3

對User1和User2「**授予**」TempDB資料庫裡**建立資料表**和**建立檢視表**的權限。

SQL指令
USE TempDB
GO
GRANT CREATE TABLE, CREATE VIEW
TO　User1, User2

範 例 4

對User1「**授予**」查詢「學生資料表」中的Stu_no與Stu_name兩個欄位，以及刪除資料列的權限。

SQL指令
GRANT SELECT(Stu_no, Stu_name), DELETE
ON　學生資料表
TO　User1

範 例 5

對User2「**授予**」「學生資料表」的DELETE權限。

SQL指令
GRANT DELETE
ON　學生資料表
TO　User2

範 例 6

對User2「**授予**」對於「學生資料表」有INSERT、UPDATE、DELETE、SELECT等權限。

SQL指令
GRANT ALL
ON　Emp
TO　User2

2. REVOKE指令(撤銷使用權)

定義▶▎　指用來「撤銷」資料庫使用者已取得的權限。

語法▶▎

> REVOKE 權限 [GRANT.OPTION FOR] ON OBJECT
>
> FROM 使用者 |RESTRICT | CASCADE]

範 例 1

表示從USER2帳號**移除**對「客戶資料表」的INSERT權限。

SQL指令
REVOKE INSERT
ON 客戶資料表
FROM USER2

12-4 資料備份的檔案及方法

當我們建立完成一個資料庫系統之後,就可以開始與應用程式連結運作,並且逐漸的建立許多資料。而當資料庫非常龐大時,資料庫管理者的工作就是要確保整個資料庫的安全性及完整性。但是,在一些不可預期的情況之下,可能會導致資料庫的毀損,以致於產生無法挽救的局面。

因此,為了資料庫的安全性,資料庫中的資料必須定期地備份(Backup),以防因**當機、突然停電、磁碟毀損**等突發狀況所造成的損害。

定義 ▸▸ 備份(Backup)資料庫是身為一位管理者都應該要具備的常識與技能,其最主要的目的是能夠防護資料庫的安全。

資料檔案類型

基本上,在資料庫中需要備份的資料檔案有兩種:

第一種就是主要的「**資料庫檔案**」,其副檔名為「**.mdf**」。

第二種就是「**交易記錄檔**」,其副檔名為「**.ldf**」。

因此,資料庫管理師(DBA)在執行備份時,除了備份主要的「資料庫檔案」外,還必須要同時備份「交易記錄檔」。

以上兩個檔案的儲存預設路徑為:

C:\Program Files\Microsoft SQL Server\MSSQL10.MSSQLSERVER\MSSQL\DATA

✤圖12-1

注意▶▶ 當我們想要備份上圖中這兩個檔案到其他儲存設備時，我們有三種方法：

1. **執行「卸離」功能**（Microsoft SQL Server Management Studio環境中）

✖圖12-2

2. **執行「離線工作」功能**（Microsoft SQL Server Management Studio環境中）

✖圖12-3

3. **撰寫「BACKUP指令」**（Microsoft SQL Server Management Studio環境中）

在SQL Server中還提供線上備份的功能，可以讓我們在異動資料的存取時，不須先停止SQL Server的連接，就可以進行線上備份的作業。

BACKUP語法

BACKUP DATABASE 資料庫名稱

TO　<備份裝置位置>

[WITH <還原選項>]

註：若要指定實體備份裝置，請使用DISK或TAPE選項：

　　{ DISK | TAPE } ＝實體備份裝置名稱

範例 ▸▸　請利用BACKUP指令來備份ch1_DB資料庫到C碟中。

BACKUP DATABASE ch1_DB

TO DISK='c:\ch1_DATA_BAK.bak'

BACKUP LOG ch1_DB

TO DISK='c:\ch1_LOG_BAK.bak'

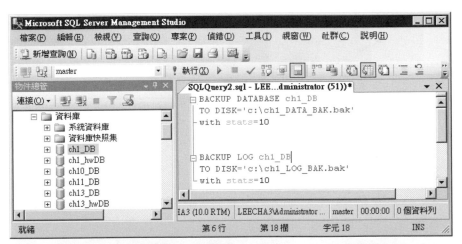

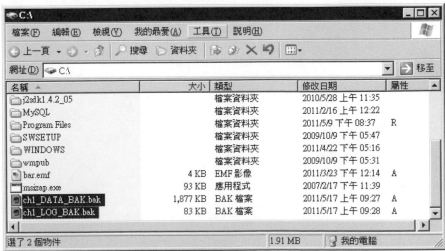

⚙圖12-4

註：以上三種方法都屬於「完整資料庫備份」，它會備份整個資料庫。

　　基本上，在SQL Server中有四種備份型式：

1. 完整資料庫備份

2. 差異資料庫備份

3. 交易記錄檔備份

4. 檔案及檔案群組

　　各位讀者如果對SQL Server的四種備份型式有興趣的話，可以參考「SQL Server 資料庫管理」的相關書籍。

12-5 資料的還原機制

當我們平常有做備份的習慣之後，就可以比較放心資料庫的安全；但是，如果被網站駭客入侵，或不小心而損壞時，我們就可以將平常所備份的資料庫還原回來。雖然我們在前一節已經學會了資料庫的備份，我們也必須要學會資料庫的還原，因為資料庫的備份與還原是相輔相成的，缺一不可。

定義▶▶ 是指將備份在儲存媒體的資料回存資料庫系統。

使用時機▶▶　1.人為的錯誤

　　　　　　　2.儲存設備的損壞

　　　　　　　3.電腦病毒

範例▶▶ 假設我們的「ch1_DB」資料庫被網站駭客入侵，或不小心而損壞時，則我們可以利用「還原機制」來進行回復。其常用的方法有兩種：

1. **執行「附加」功能**（Microsoft SQL Server Management Studio環境中）。

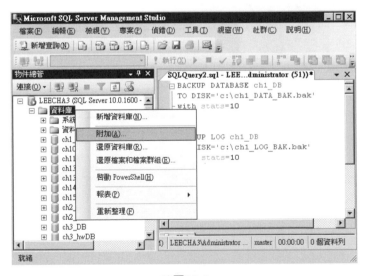

✿圖12-5

注意：利用此種方法還原時，其條件是備份時是使用「卸離」與「離線工作」功能，將原先的資料庫及交易記錄備份到其他的設備中才可以。

2. **撰寫「RESTORE指令」**（Microsoft SQL Server Management Studio環境中）。利用此種方法，其條件就是在第12-4節中，利用「BACKUP指令」來進行備份動作。

RESTORE語法

```
RESTORE DATABASE 資料庫名稱
FROM <備份裝置位置>
[WITH <還原選項>]
```

註：WITH <還原選項>可省略。

範例⏭ 請利用RESTORE指令來還原剛才備份的資料庫（ch1_DATA_BAK.bak）。

```
RESTORE DATABASE ch1_DB
FROM DISK='c:\ch1_DATA_BAK.bak'
```

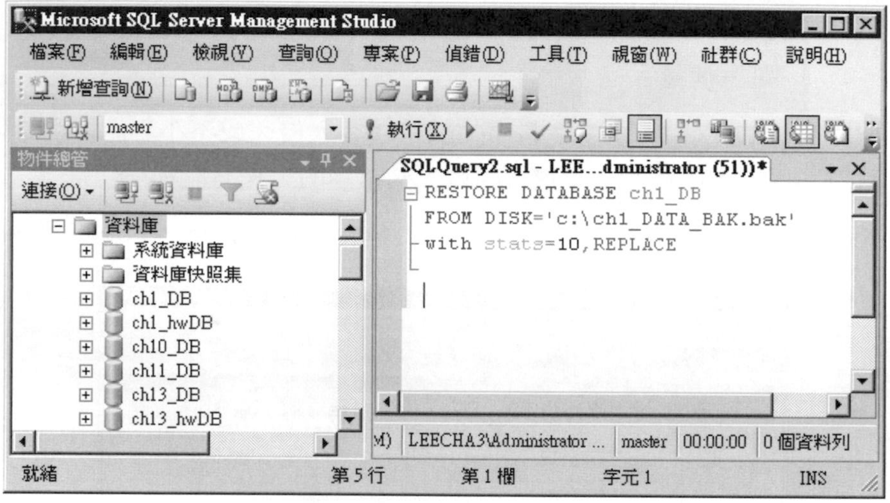

圖12-6

（ B ）1. 您將一個包含WITH GRANT OPTION的權限指派給User1。
　　　WITH GRANT OPTION可讓User1：
　　　(A)建立新的資料庫使用者　　(B)委派權限給其它使用者
　　　(C)要求權限使用記錄　　　　(D)檢視其它使用者的權限

解析 GRANT指令（授予使用權）

【定義】是指用來「授予」現有資料庫使用者帳號的權限。

【語法】

> GRANT 權限 [ON 資料表名稱]
> TO [使用者｜PUBLIC] [WITH GRANT 選項]

其中，「權限」可分為四種：INSERT、UPDATE、DELETE、SELECT。

【範例】

對USER1與USER2「授予」SELECT與INSERT對客戶資料表的使用者權限功能。

> SQL指令
>
> GRANT SELECT, INSERT
> ON 客戶資料表
> TO USER1, USER2

（ D ）2. 下列哪一個資料庫詞彙用來描述套用備份到損壞或損毀資料庫的
　　　程序？
　　　(A)對加　　　　　　　　　(B)認可
　　　(C)復原　　　　　　　　　(D)還原

解析 【定義】是指將備份在儲存媒體的資料回存資料庫系統。

【使用時機】

1. 人為的錯誤

2. 儲存設備的損壞

3. 電腦病毒

(C) 3. 您在下午3:00(15:00時)建立資料庫的備份。您在下午4:00(16:00時)建立名為Customer的資料表，並將資料匯入至該資料表。伺服器在下午5:00(17:00時)失效。您執行指令碼，只將下午3:00的備份套用至資料庫。執行此指令碼的結果是什麼？

(A)指令碼失敗　　　　　　　　(B)Customer資料表不受影響

(C)Customer資料表不再存在　　(D)Customer資料表存在，但沒有資料

解析

下午3:00(15:00時)	下午4:00(16:00時)	下午5:00(17:00時)	**備份還原**
資料庫的備份	建立Customer的資料表	伺服器失效	下午3:00**備份**的資料庫

(C) 4. 您有一個包含10TB資料的資料庫。您需要每隔兩個小時備份該資料庫。您應該使用哪種類型的備份？

(A)封存　　　　　　　　　(B)完整

(C)增量　　　　　　　　　(D)部分

解析　1. 完整備份：完整備份就是備份資料庫中的所有資料。若對小型資料庫來說，最佳的備份方法是使用完整備份；但若對於龐大的資料庫，完整備份就會需要太多時間才能備份完成。

2. 差異備份：差異備份只包含差異基底之後變更過的資料。在基底備份之後隨即執行差異備份，通常會比建立完整備份的基底來得更快更小。

3. 部分備份：是為了要在簡單復原模式下，備份包含唯讀檔案群組的資料庫時，提供更大的彈性。不過，所有復原模式都支援這些備份。

(D) 5. 您需要建立一組經常為新使用者指派的權限。您應該建立什麼？

(A)群族　　　　　　　　　(B)清單

(C)資源　　　　　　　　　(D)角色

解析　為了輕鬆管理資料庫中的權限，SQL Server提供了幾個「角色」（Role）。它們就像是Microsoft Windows作業系統中的群組。

(D) 6. 您需要停用User1對於Customer資料表資料的檢視權限。您應該使用哪個陳述式？
  (A)REMOVE User1
  　　　　FROM Customer
  (B)REVOKE User1
  　　　　FROM Customer
  (C)REMOVE SELECT ON Customer
  　　　　FROM User1
  (D)REVOKE SELECT ON Customer
  　　　　FROM User1

解析 REVOKE指令（撤銷使用權）

【定義】指用來「撤銷」資料庫使用者已取得的權限。

【語法】

| REVOKE 權限 ON 資料表名稱 |
| FROM 使用者｜RESTRICT｜CASCADE] |

其中，「權限」可分為四種：INSERT、UPDATE、DELETE、SELECT。

【範例】

表示從USER2帳號移除對「客戶資料表」的INSERT權限。

SQL指令
REVOKE INSERT
ON 客戶資料表
FROM USER2

(D) 7. 您需要讓新員工向您的資料庫驗證其身分。您應該使用哪個命令？

(A)ADD USER   (B)ALLOW USER

(C)ALTER USER   (D)CREATE USER

(E)INSERT USER

解析 【語法】

```
CREATE USER user_name
    [ { { FOR | FROM }
        {
            LOGIN login_name
            | CERTIFICATE cert_name
            | ASYMMETRIC KEY asym_key_name
        }
        | WITHOUT LOGIN
    ]
    [ WITH DEFAULT_SCHEMA = schema_name ]
```

【範例】

先建立一個具有密碼=123456，且使用者名稱=tsp的伺服器登入，然後在 testDB建立一個對應的資料庫使用者tsp。

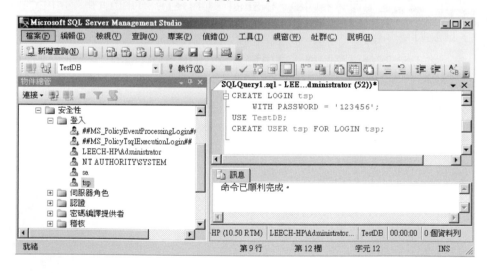

(B) 8. 哪一個EXECUTE敘述可以將目前的資料庫Dba換到資料庫Db_b？

    (A)EXECUTE Db_b   (B)EXECUTE(`USE Db_b`)

    (C)EXECUTE `USE Db_b`   (D)EXEC(USE Db_b)

解析 有兩種寫法：

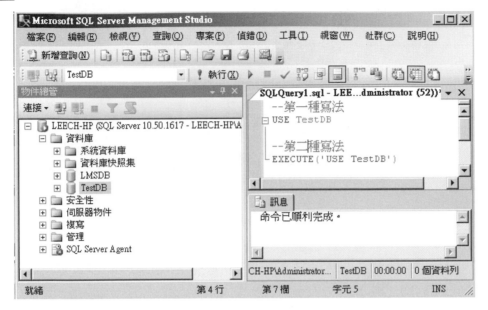

(B) 9. 發生哪種情況時需要在資料庫上執行還原？

    (A)當您需要回復交易時   (B)當資料庫中的資料損毀時

    (C)當應用程式發生錯誤時   (D)當必須從資料庫刪除資料時

解析 【定義】是指將備份在儲存媒體的資料回存資料庫系統。

    【使用時機】

    1. 人為的錯誤

    2. 儲存設備的損壞

    3. 電腦病毒

NOTE

CHAPTER 13

MTA Certification

檢定模擬試題

第一回合模擬試題

( ) 1. 哪個陳述式會刪除未輸入員工電話號碼的資料列?
(A)DELETE FROM Employee WHERE Phone IS NULL
(B)DELETE FROM Employee WHERE Phone= NULLABLE
(C)DELETE FROM Employee WHERE Phone=`&`
(D)DELETE FROM Employee WHERE Phone IS NOT NULL

( ) 2. 在建立使用者自訂的資料型態時,可以使用哪些屬性?
(A)長度、text、real、nvarchar、允許空值
(B)基本資料型態、長度、允許空值、預設值、規則
(C)char、int、numeric、text、預設值、規則
(D)nchar、ntext、vnarchar、長度、允許空值

( ) 3. 可在資料庫中執行的具名SQL陳述式群組稱為:
(A)公式 (B)方法
(C)預存程序 (D)副程式

( ) 4. 哪個項目定義配置給資料行值的儲存空間量?
(A)資料型別 (B)格式
(C)索引鍵 (D)驗證程式

( ) 5. 需要哪兩個元素才能定義資料行?(請選擇兩個答案)
(A)資料型別 (B)索引
(C)索引鍵 (D)名稱

( ) 6. 您有一個名為Employee的資料表,包含下列資料行:
‧EmployeeID
‧EmployeeName
若要傳回資料表中的資料列數目,您應該使用哪個陳述式?
(A)SELECT COUNT(rows)FROM Employee
(B)SELECT COUNT(*)FROM Employee
(C)SELECT*FROM Employee
(D)SELECT SUM(*)FROM Employee

( ) 7. 您有一個名為Student的資料表,其中包含100個資料列。某些資料列的
FirstName資料行有NULL值。您執行下列陳述式:
DELETE FROM Student結果是什麼?
(A)您會收到錯誤訊息
(B)資料表中的所有資料列都會被刪除
(C)所有資料列與資料表定義都會被刪除
(D)FirstName資料行中包含NULL的所有資料列都會被刪除

( ) 8. INSERT陳述式是在哪個資料庫結構上運作？
    (A)角色　　　　　　　　　　(B)預存程序
    (C)資料表　　　　　　　　　(D)觸發程序
    (E)使用者

( ) 9. 「點陣圖」、「B型樹狀結構」與「雜湊」等詞彙指的是哪種類型的資料庫結構？
    (A)函式　　　　　　　　　　(B)索引
    (C)預存程序　　　　　　　　(D)觸發程序
    (E)檢視

( ) 10.您在包含資料的資料表上建立索引。資料庫中的結果是什麼？
    (A)會有更多資料列加入至該被索引的資料表
    (B)會有更多資料行加入至該被索引的資料表
    (C)會建立個別的結構，其中包含來自該被索引資料表的資料
    (D)會建立個別的結構，其中不包含來自該被索引資料表的資料

( ) 11.您在交易中執行會從資料表刪除100個資料列的陳述式。僅刪除40個資料列之後，交易就失敗了。資料庫中的結果是什麼？
    (A)資料表會損毀
    (B)交易會重新啟動
    (C)不會從資料表刪除任何資料列
    (D)會從資料表刪除四十(40)個資料列

( ) 12.您需要建立一組經常為新使用者指派的權限。您應該建立什麼？
    (A)群族　　　　　　　　　　(B)清單
    (C)資源　　　　　　　　　　(D)角色

( ) 13.若要新增、移除及修改資料庫結構，應該使用哪個類別的SQL陳述式？
    (A)資料存取語言(DAL)　　　(B)資料控制語言(DCL)
    (C)資料定義語言(DDL)　　　(D)資料操作語言(DML)

( ) 14.您正在撰寫SELECT陳述式，以尋找名稱中包含特定字元的每個產品。您應該在WHERE子句中使用哪個關鍵字？
    (A)LIKE　　　　　　　　　　(B)FIND
    (C)BETWEEN　　　　　　　　(D)INCLUDES

( ) 15.您有下列資料表定義：
CEEATE TABLE Product
   (ProductID　　INTEGER，
Name VARCHAR(20))
您需要插入新產品。該產品的名稱是plate，產品識別碼是12345。您應該使用哪一個陳述式？

(A)INSERT 12345，`plate` INTO Product

(B)INSERT NEW ProductID=12345，Name INTO Product

(C)INSERT INTO Product(ProductID，Name) VALUES(12345，`plate`)

(D)INSERT INTO Product VALUES(ProductID=12345，Name=`plate`)

(　　) 16.下列敘述何者可用來計算student表格的列數？

(A)SELECT ROWCOUNT FROM student

(B)SELECT CountRows FROM student

(C)SELECT TOTALROWS FROM student

(D)SELECT COUNT(*) FROM student

(　　) 17.SQL Server提供哪些類型的資料型態?(請選擇兩個答案)

(A)伺服器提供　　　　　　　(B)標準

(C)使用者自訂　　　　　　　(D)系統提供

(　　) 18.函式和預存程序的一個差異是函式：

(A)必須傳回值　　　　　　　(B)無法接受參數

(C)無法包含交易　　　　　　(D)必須從觸發程序呼叫

(　　) 19.若要傳回符合特定條件的資料列，您必須在SELECT陳述式中使用哪個關鍵字？

(A)FROM　　　　　　　　　(B)ORDER BY

(C)UNION　　　　　　　　　(D)WHERE

(　　) 20.以下哪三個是有效的資料操作語言(DML)命令？(請選擇三個答案)

(A)COMMIT　　　　　　　　(B)DELETE

(C)INSERT　　　　　　　　(D)OUTPUT

(E)UPDATE

(　　) 21.加入索引的原因之一是要：

(A)減少所使用的儲存空間　　(B)增加資料庫的安全性

(C)改善INSERT陳述式的效能　(D)改善SELECT陳述式的效能

(　　) 22.UNIQUE可限制使用者，無法輸入重複的資料欄位值，請問在一個表格中，可以定義幾個UNIQUE限制？

(A)只有一個　　　　　　　　(B)2個

(C)一個以上　　　　　　　　(D)最多16個

(　　) 23.資料表中儲存單一項目資訊的元件稱為：

(A)資料行　　　　　　　　　(B)資料型別

(C)資料列　　　　　　　　　(D)檢視

(　　) 24.CREATE VIEW陳述式中必須包含哪個關鍵字？

(A)ORDER BY　　　　　　　(B)SELECT

(C)UPDATE　　　　　　　　(D)WHERE

( ) 25.下列敘述何者可刪除student表格中的所有橫列？
(A)DELETE * ROWS FROM student
(B)DELETE ALL FROM student
(C)DELETE FROM student
(D)DELETE ROWS FROM student

( ) 26.在SQL，INSERT陳述式是用來：
(A)將使用者加入至資料庫　　　(B)將資料表加入至資料庫
(C)將資料列加入至資料表　　　(D)將資料行加入至資料表定義

( ) 27.您有下列資料表定義：
CREATE TABLE Road
(RoadID INTEGER NOT NULL，
Distance INTEGER NOT NULL)
Road資料表包含下列資料：

RoadID	Distance
1234	22
1384	34

您執行下列陳述式：
INSERT INTO Road VALUES(1234，36)
結果是什麼？
(A)語法錯誤
(B)在資料表中新增資料列
(C)顯示錯誤訊息指出不允許NULL值
(D)顯示錯誤訊息指出不允許重複的識別碼

( ) 28.假設有一個經常異動資料的資料庫，且需要使用INSERT查詢以維持student
表格的正確性，假如studen表格有增加新的欄位，下列哪個查詢仍然能正常
運作？
(A)INSERT student VALUES(`90177`，`Q123456789`，`張小華`)
(B)INSERT INTO student Columns(no，id，name) values(`90177`，
`Q123456789`，`張小華`)
(C)INSERT INTO student VALUES(`90177`，`Q123456789`，`張小華`) (no，
id，name)
(D)INSERT INTO student(no，id，name) VALUES(`90177`，
`Q123456789`，`張小華`)

( ) 29.您有一個名為Product的資料表。您建立包含Product資料表中Furniture類別
目錄所有產品的檢視。您在Product資料表執行刪除Furniture類別目錄所有
產品的陳述式。執行該陳述式之後，檢視的結果集會：

(A)被封存   (B)被刪除

(C)是空的   (D)未變更

(   ) 30.以下哪些表格限制可以避免輸入重複的資料列?(請選擇兩個答案)

(A)PRIMARY KEY   (B)NULL

(C)FOREIGNKEY   (D)UNIQUE

(   ) 31.您有一個名為Customer的資料表。您需要加入名為District的新資料行。您應該使用哪一個陳述式?

(A)MODIFY TABLE Customer (District INTEGER)

(B)ALTER TABLE Customer ADD (District INTEGER)

(C)MODIFY TABLE Customer ADD (District INTEGER)

(D)ALTER TABEL Customer MODIFY(District INTEGER)

(   ) 32.您需要從資料庫移除名為Employee View的檢視。您應該使用哪一個陳述式?

(A)DELETE Employee View   (B)DELETE VIEW Employee View

(C)DROP Employee View   (D)DROP VIEW Employee View

(   ) 33.哪個關鍵字可在CREATE TABLE陳述式中使用?

(A)UNIQUE   (B)DISTINCY

(C)GROUP BY   (D)ORDER BY

(   ) 34.下列有關觸發機制的敘述,何者為真?

(A)觸發機制可以刪除表格

(B)若表格被刪除,則定義於該表格上的觸發機制也會被刪除

(C)觸發機制可以改變資料庫的結構

(D)觸發機制不能執行流程控制的敘述

(   ) 35.下列哪一個資料庫的角色可以建立與刪除觸發機制?

(A)表格的擁有者或是合法授權的擁有者

(B)僅系統管理者

(C)僅資料庫管理者

(D)僅表格的擁有者

【第一回合模擬試題解答】

1	2	3	4	5
(A)	(B)	(C)	(A)	(A,D)
6	7	8	9	10
(B)	(B)	(C)	(B)	(D)
11	12	13	14	15
(C)	(D)	(C)	(A)	(C)
16	17	18	19	20
(D)	(C,D)	(A)	(D)	(B,C,E)
21	22	23	24	25
(D)	(C)	(A)	(B)	(C)
26	27	28	29	30
(C)	(B)	(D)	(C)	(A,D)
31	32	33	34	35
(B)	(D)	(A)	(B)	(D)

第二回合模擬試題

(　　　) 1. 您刪除名為Order資料表中的資料列。OrderIterm資料表中的對應資料列將被自動刪除。
(A)串聯刪除　　　　　　　　(B)Domino刪除
(C)功能性(Functional)刪除　　(D)繼承的刪除
(E)瀑布式(Waterfall)刪除

(　　　) 2. 若有一個名為tri_name的觸發機制已經建立,下列哪個敘述可以刪除該觸發機制?
(A)DROP TRIGGER tri_name　　(B)DROP TRIGGER‘tri_name’
(C)DROP tri_name TRIGGER　　(D)DROP(‘tri_name’) TRIGGER

(　　　) 3. 請問SELECT敘述中,若包含ORDER BY子句、FROM、WHERE,此時ORDER BY子句該如何使用?
(A)ORDER BY子句必須是SELECT敘述的第一個關鍵字
(B)ORDER BY子句必須放在WHERE子句之後
(C)ORDER BY子句必須放在FROM子句之後
(D)SQL Server會依據關鍵字的意思來解釋SELECT敘述,因此關鍵字的排序並不重要

(　　　) 4. 哪一個陳述式的執行結果是建立索引?
(A)CREATE TABLE Employee
　　{ EmployeeID　INTEGER PRIMARY KEY}
(B)CREATE TABLE Employee
　　{ EmployeeID　INTEGER INDEX}
(C)CREATE TABLE Employee
　　{ EmployeeID　INTEGER NULL}
(D)CREATE TABLE Employee
　　{ EmployeeID　INTEGER DISTINCT}

(　　　) 5. 哪個索引鍵會建立兩個資料表之間的關聯性?
(每個正確答案僅提供部分解決方案。請選擇兩個答案)。
(A)候選索引鍵　　　　　　　(B)外部索引鍵
(C)本機索引鍵　　　　　　　(D)主索引鍵
(E)超級索引鍵(SuperKey)

(　　　) 6. 下列哪種方法可以確保表格內某個欄位的值是唯一的?
(A)關掉重複功能　　　　　　(B)加入實體完整性
(C)加入UNIQUE限制　　　　 (D)加入一個具有No Duplicate性質的欄位

(　) 7. 您需要儲存長度為三到30個字元的產品名稱。您也需要將所使用的儲存空間縮到最小。您應該使用哪一種資料型別？
(A)CHAR(3，30)　　　　　　(B)CHAR(30)
(C)VARCHAR(3，30)　　　　(D)VARCHAR(30)

(　) 8. 您有一個名為Customer的資料表，該資料表有名為CustomerID、FirstName和DateJoined的資料行。CustomerID是主索引鍵。
您執行下列陳述式：
SELECT CustomerID、FirstName、DateJoined FROM Customer
資料列在結果集中式以哪種方式組織？
(A)沒有可預測的順序　　　　(B)依FirstName以字母順序排序
(C)依DateJoined以時間順序排序 (D)依資料列的插入順序排序

(　) 9. 您需要在Product資料表中插入兩個新產品。第一個產品命名為Book，識別碼為125。第二個產品命名為Movie，識別碼為126。您應該使用哪一個陳述式？
(A)INSERT 125，126，`Book`，`Movie` INTO Product
(B)INSERT NEW ID=125 AND 126，Name=`Book` AND `Movie` INTO
　　Product
(C)INSERT INTO Product VALUES(ID=125，126) (Name=`Book`，`Movie`)
(D)INSERT NEW ID=125，Name=`Book` INTO Product
　　INSERT NEW ID=126，Name=` Movie ` INTO Product
(E)INSERT INTO Product(ID，Name)VALUES(125，`Book`)

(　) 10.下列何者在檢視內不能使用？
(A)HAVING　　　　　　　　(B)COMPUTE
(C)WHERE　　　　　　　　 (D)AVG

(　) 11.您需要停用User1對於Customer資料表資料的檢視權限。您應該使用哪個陳述式？
(A)REMOVE User1
　　FROM Customer
(B)REVOKE User1
　　FROM Customer
(C)REMOVE SELECT ON Customer
　　FROM User1
(D)REVOKE SELECT ON Customer
　　FROM User1

(　) 12.建立預存程序的其中一個原因是要？
(A)改善效能　　　　　　　　(B)最小化所使用的儲存空間
(C)略過區分大小寫的需求　　(D)讓使用者可以控制查詢邏輯

( ) 13.資料庫的每一個表格,可以定義三種觸發機制,下列何者為非?

(A)INSERT   (B)UPDATE

(C)DROP   (D)DELETE

( ) 14.下列哪些敘述可以從student資料表傳回編號(id)為10或31的學生姓名(name)?(請選擇兩個答案)

(A)SELECT name FROM students WHERE id>10 AND id < 31

(B)SELECT name FROM students WHERE id IN(10,31)

(C)SELECT name FROM students WHERE id=10 OR id = 31

(D)SELECT name FROM students WHERE id=10 OR 31

( ) 15.若使用DELETE敘述時,將WHERE子句省略,這樣會有甚麼後果?

(A)由於沒有選取橫列,因此不刪除任何資料

(B)表格中所有的橫列都會被刪除

(C)由於WHERE子句是必須的,因此會造成錯誤

(D)只會刪除第一列,並產生錯誤

( ) 16.若要將資料行加入至現有的資料表,應該使用哪個命令?

(A)ALTER   (B)CHANGE

(C)INSERT   (D)MODIFY

(E)UPDATE

( ) 17.您有一個包含所有在校學生相關資訊的資料表。若要變更資料表中的學生名字,您應該使用哪個SQL關鍵字?

(A)CHANGE   (B)INSERT

(C)SELECT   (D)UPDATE

( ) 18.若要移除外部索引鍵,應該使用哪些陳述式?

(A)ALTER TABLE   (B)DELETE TABLE

(C)ALTER FOREING KEY   (D)DELETE FOREING KEY

( ) 19.下列關於觸發機制的敘述何者正確?

(A)觸發機制無法在表格中加強主表格與外表格之間的關係

(B)在含有觸發機制的表格內無法定義限制條件

(C)觸發機制可以在使用限制條件後執行

(D)觸發機制可以在使用限制條件前執行

( ) 20.哪個索引鍵可唯一識別資料表中的資料列?

(A)外部索引鍵   (B)本機索引鍵

(C)主索引鍵   (D)超級索引鍵(SuperKey)

(   ) 21.您有一個包含10TB資料的資料庫。您需要每隔兩個小時備份該資料庫。您
應該使用哪種類型的備份？
(A)封存 (B)完整
(C)增量 (D)部分

(   ) 22.SQL的CREATE指令可用來建立：
(A)DATABASE、TABLE (B)PROCEDURE、TRIGGER
(C)INDEX、VIEW (D)以上皆是

(   ) 23.使用者需要哪個權限才能執行預存程序？
(A)ALLOW (B)CALL
(C)EXECUTE (D)RUN

(   ) 24.下列關於預存程序的敘述，哪個正確？(請選擇兩個答案)
(A)執行過一次後，才會被編譯
(B)每次執行必會建立
(C)以存成檔案的方式來提供快速存取
(D)若使用者沒具備存取該資料庫的權限，仍然可以使用執行程序的方式來
變更表格中的資料列

(   ) 25.Product資料表包含下列資料。

ID	Name	Quantity
1234	Spoon	33
2615	Fork	17
3781	Plate	20
4589	Cup	51

您執行下列陳述式：
SELECT COUNT(＊)
FROM Product Quantity>18
此陳述式傳回的值是什麼？
(A)1 (B)2
(C)3 (D)4

(   ) 26.執行下列陳述式：
SELECT EmployeeID，FirstName，DepartmentName
FROM Employee，Department
此類型的作業系統稱為：
(A)笛卡兒乘積 (B)等聯結
(C)交集 (D)外部連結

( ) 27.有一個資料庫包含兩個資料表，名為Customer和Order。您執行下列陳述式：

DELETE FROM Order

WHERE CustomerID=209結果是什麼？

(A)會從Customer資料表刪除CustomerID209

(B)會從Order資料表刪除CustomerID209的所有訂單

(C)會從Order資料表刪除CustomerID209的第一筆訂單

(D)會從Order資料表刪除CustomerID209的所有訂單，並從Customer資料表刪除CustomerID209

( ) 28.INSERT陳述式是在哪個資料庫結構上運作？

(A)角色 (B)預存程序

(C)資料表 (D)觸發程序

(E)使用者

( ) 29.您有一個包含產品識別碼和產品名稱的資料表。

您需要撰寫UPDATE陳述式，以將特定的產品名稱變更為glass。

您應該在UPDATE陳述式中包含什麼？

(A)LET ProductName=`glass`

(B)SET ProductName=`glass`

(C)EXEC ProductName=`glass`

(D)ASSIGN ProductName=`glass`

( ) 30.使用UPDATE敘述在一次最多可修改幾個表格？

(A)表格數目沒有限制

(B)只要表格之間包含共同的索引，一個查詢做多可以修改兩個表格

(C)只要表格沒有定義UPDATE觸發機制，一次可以修改一個以上的表格

(D)UPDATE敘述最多只能更新一個表格

( ) 31.假設有一個不常更新的表格(資料大約20000筆)，但經常被使用其中兩個欄位的組合來搜尋資料，請問下列何種索引可以提高此表格的查詢速率？

(A)一個非叢集索引 (B)一個複合的非叢集索引

(C)一個叢集的複合索引 (D)一個唯一複合索引

( ) 32.您將一個包含WITH GRANT OPTION的權限指派給User1。WITH GRANT OPTION可讓User1：

(A)建立新的資料庫使用者 (B)委派權限給其它使用者

(C)要求權限使用紀錄 (D)簡式其它使用者的權限

( ) 33.檢視可用來：

(A)確保參考完整性

(B)在另一個資料表儲存額外的資料副本

(C)限制存取資料表中特定資料列或資料行的資料

(D)從基底資料表刪除歷程記錄資料之前先予以儲存

( ) 34.您正在建立用來儲存客戶資料的資料表。AccountNumber資料行使用一律由一個字母和四位數組的值。您應該為AccountNumber資料行使用哪種資料型別？

(A)BYTE　　　　　　　　(B)CHAR

(C)DOUBLE　　　　　　　(D)SMALLINT

( ) 35.假設有一個資料庫Employee 已不再需要使用，並想將該資料庫刪除。請問以下哪個預存程序可以他刪除？

(A)DBCC DROPDATABASE Employee

(B)DROP DATABASE Employee

(C)DELETE DATABASE Employee

【第二回合模擬試題解答】

1	2	3	4	5
(A)	(A)	(B)	(A)	(B,D)
6	7	8	9	10
(C)	(D)	(D)	(E)	(B)
11	12	13	14	15
(D)	(A)	(C)	(B,C)	(B)
16	17	18	19	20
(A)	(D)	(A)	(C)	(C)
21	22	23	24	25
(C)	(D)	(C)	(C,D)	(C)
26	27	28	29	30
(A)	(B)	(B)	(B)	(D)
31	32	33	34	35
(C)	(B)	(C)	(B)	(B)

第三回合模擬試題

(   ) 1. 一個檢視可代表：(請選擇三個答案)
(A)一個或多個表格中的資料組合
(B)一個或多個檢視中的資料組合
(C)表格及檢視所組合而成的資料
(D)只能從一個表格來的資料

(   ) 2. 下列何者不是預存程序的優點？
(A)可降低網路負載
(B)可增加資料庫的安全性
(C)執行速度快，可攜性佳
(D)可將T-SQL程式模組化，提供不同使用者使用

(   ) 3. 您的資料庫包含一個名為Customer的資料表。您需要從Customer資料表刪除CustomerID為12345的記錄。您應該使用哪一個陳述式？
(A)DELETE FROM Customer WHERE CustomerID=12345
(B)DELETE CustomerID FROM Customer WHERE CustomerID=12345
(C)UPDATE Customer DELETE * WHERE CustomerID=12345
(D)UPDATE CustomerID FROM Customer DELETE * WHERE CustomerID= 12345

(   ) 4. 您有一個名為Product的資料表。Product資料表有ProductDescription和ProductCategory資料行。您需要將Product資料表中所有湯匙的ProductCategory值變更為43。您應該使用哪一個陳述式？
(A)SET Product
    TO ProductCategory=43
    WHERE ProductDescription='spoon'
(B)UPDATE Product
    SET ProductCategory=43
    WHERE ProductDescription='spoon'
(C)SET Product
    WHERE ProductDescription='spoon'
    TO ProductCategory=43
(D)UPDATE Product
    WHERE ProductDescription='spoon'
    SET ProductCategory=43

(　　) 5. 您有一個產品資料表，其中包含ProductID、Name和Price欄位。您需要撰寫UPDATE陳述式，以將特定ProductID之InStock欄位的值設定為Yes。您應該在UPDATE陳述式中使用哪個子句？

(A)GROUP BY　　　　　　　　(B)HAVING

(C)THAT　　　　　　　　　　(D)WHERE

(　　) 6. 您有一個包含下列資料的資料表

ProductName	Color1	Color2	Color3
Shirt	Blue	Green	Purple

您將該資料表切割為下列兩個資料表

ProductID	ProductName
4545	Shirt

ProductID	Color
4545	Blue
4545	Green
4545	Purple

此程序稱為：

(A)重組　　　　　　　　　　(B)反正規化

(C)分散　　　　　　　　　　(D)正規化

(　　) 7. 以下關於主鍵與外來鍵的敘述哪些是正確的？

(A)主鍵不能有空值

(B)每個非空值的外來鍵應該有一個對應的主鍵

(C)外鍵一定是主鍵的一部分

(D)主鍵必須是數值

(E)外鍵不能有空值

(　　) 8. 哪個類型的索引會變更資料在資料表中的儲存順序？

(A)叢集索引　　　　　　　　(B)非叢集索引

(C)非循序索引　　　　　　　(D)循序索引

(　　) 9. 下列敘述何者可以在student表格上建立一個複合索引？

(A)CREATE INDEX ind_name ON student

(B)CREATE INDEX ind_name ON student(first_name，last_name)

(C)CREATE INDEX ind_name ON student=first_name，last_name

(D)CREATE INDEX ind_name ON student. first_name，last_name

(   ) 10.以下哪個敘述可以擴充資料庫大小？

      (A)ALTER DATABASE   (B)DATABASE RESIZE

      (C)RESIZE DATABASE   (D)ALTER DATABASE SIZE

(   ) 11.下列哪一個資料庫詞彙用來描述套用備份到損壞或損毀資料庫的程序？

      (A)對加   (B)認可

      (C)復原   (D)還原

(   ) 12.您需要在學校資料庫中儲存每位學生的聯絡資訊。您應該將每位學生的資訊存放在：

      (A)函式   (B)資料列

      (C)預存程序   (D)變數

(   ) 13.您有一個名為Employee的資料表，它包含四個資料行。您執行下列陳述式：

      SELECT*

      FROM Employee

      會傳回哪些資料行？

      (A)所有資料行   (B)僅第一個資料行

      (C)僅最後一個資料行   (D)僅第一個和最後一個資料行

(   ) 14.您有下列資料表定義：

      CREATE TABLE Product

      (ID INTEGER PRIMARY KEY，

      Name VARCHAR(20)，

      Quantity INTEGER)

      Product資料表包含下列資料

ID	Name	Quantity
1234	Apples	33
2615	Oranges	0
3781	Pears	29
4589	Plums	

      您執行下列陳述式：

      SELECT Name FROM Product WHERE Quantity IS NOT NULL

      會傳回多少資料列？

      (A)0   (B)1

      (C)2   (D)3

      (E)4

( ) 15.ORDER BY子句可將查詢結果依據欄位值來排序,請問最多可以用幾個欄
位來排序?
(A)只有一個　　　　　　　　(B)4個
(C)16個　　　　　　　　　　(D)256個

( ) 16.下列哪個關鍵字可以避免在查詢結果的欄位值中,沒有重複的值?
(A)UNIQUE　　　　　　　　(B)DISTINCT
(C)NOT SAME　　　　　　　(D)ONLY

( ) 17.CREATE VIEW最多可使用多少個欄位?
(A)16　　　　　　　　　　　(B)32
(C)無限制　　　　　　　　　(D)255

( ) 18.哪個條件約束可確保每個客戶ID資料行的值都是唯一的?
(A)相異(DISTINCT)　　　　　(B)外部索引鍵
(C)主索引鍵　　　　　　　　(D)循序(SEQUENTIAL)

( ) 19.哪一個EXECUTE敘述可以將目前的資料庫Dba換到資料庫Db_b?
(A)EXECUTE Db_b　　　　　(B)EXECUTE(`USE Db_b`)
(C)EXECUTE `USE Db_b`　　　(D)EXEC(USE Db_b)

( ) 20.下列資料的資料表

ProductID	ProductCategory
32	books
25	books
6	movies
89	movies

哪一個資料庫詞彙用來描述ProductID和ProductCategory之間的關係?
(A)關聯性相依　　　　　　　(B)複合式(compositional)
(C)決定性(deterministiC)　　　(D)功能上相依

( ) 21.UPDATE陳述式和DELETE陳述式的一個差別是什麼?
(A)UPDATE陳述式不會從資料表移除資料列
(B)UPDATE陳述式只能變更一個資料列
(C)DELETE陳述式無法使用WHERE子句
(D)DELETE陳述式只能在預存程序中運作

(　　) 22. 哪個陳述式會建立複合索引鍵？
(A)CREATE TABLE Order

(OrderID INTEGER, OrderItemID INTEGER, PRIMARY KEY(OrderID, OrderItemID))

(B)CREATE TABLE Order

(OrderID INTEGER PRIMARY KEY, OrderItemID INTEGER PRIMARY KEY)

(C)CREATE TABLE Order

(OrderID INTEGER, OrderItemID INTEGER, PRIMARY KEY)

(D) CREATE TABLE Order

(OrderID INTEGER, OrderItemID INTEGER, PRIMARY KEY OrderID, PRIMARY KEY OrderItemID)

(　　) 23. 請問一個表格最多可以建立多少個叢集索引？
(A)16個　　　　　　　　　　　(B)1個
(C)沒有限制　　　　　　　　　(D)表格中每個欄位最多可以建立一個

(　　) 24. 您在下午3:00(15:00時)建立資料庫的備份。您在下午4:00(16:00時)建立名為
Customer的資料表，並將資料匯入至該資料表。伺服器在下午5:00(17:00時)
失效。您執行指令碼，只將下午3:00的備份套用至資料庫。執行此指令碼
的結果是什麼？
(A)指令碼失敗　　　　　　　(B)Customer資料表不受影響
(C)Customer資料表不再存在　(D)Customer資料表存在，但沒有資料

(　　) 25. 您需要列出每個產品的名稱和價格，按最高到最低價格排序。您應該使用
哪一個陳述式？
(A)SELECT Name，TOP Price FROM Product
(B)SELECT Name，BOTTOM Price FROM Product
(C)SELECT Name，Price FROM Product ORDER BY Price ASC
(D)SELECT Name，Price FROM Product ORDER BY Price DESC

(　　) 26. LIKE關鍵字可以選取欄位值與指定的部分字串相符的資料列，請問下列敘
述何者可以傳回student資料表內，姓氏以L開頭的所有學生姓名(name)？
(A)SELECT * FROM students WHERE name LIKE`L`
(B)SELECT * FROM students WHERE name LIKE`L%`
(C)SELECT * FROM students WHERE name LIKE`&L`
(D)SELECT students WHERE name LIKE`L%`

(　　) 27. 您在Product資料表執行會刪除Furniture類別目錄所有產品的陳述式。執行
該陳述式之後，檢視的結果集會：
(A)被封存　　　　　　　　　(B)被刪除
(C)是空的　　　　　　　　　(D)未變更

(　　) 28.您需要將資料從名為Employee的現有資料表填入名為EmployeeCopy的資料
　　　　　表。您應該使用哪一個陳述式？

(A)Copy * INTO Employee

　　SELECT *

　　FROM Employee

(B)INSERT INTO EmployeeCopy

　　SELECT *

　　FROM Employee

(C)INSERT *

　　FROM Employee

　　INTO EmployeeCopy

(D)SELECT *

　　INTO EmployeeCopy

(E)SELECT *

　　FROM Employee

(　　) 29.您有Customer資料表和Order資料表。您使用Customery資料行將Customer資
　　　　　料表與Order資料表聯結。

結果包括：

　‧所有客戶與其訂單

　‧沒有訂單客戶

這些結果代表哪種類型的聯結？

(A)完整聯結　　　　　　　　　(B)內部聯結

(C)外部聯結　　　　　　　　　(D)部分聯結

(　　) 30.第一個正規化形式要求資料庫必須排除：

(A)複合索引鍵　　　　　　　　(B)重複的資料列

(C)外部索引鍵　　　　　　　　(D)重複的群組

(　　) 31.下列對於SQL語言之UPDATE指令之敘述，何者為非？

(A)一次只能修改一個欄位值

(B)一次只能修改一個資料表

(C)可用來修改資料表的欄位值

(D)可以加入WHERE條件式來過濾要更新的資料

(　　) 32.您執行下列陳述式：

SELECT DepartmentName

FROM Department

WHERE DepartmentID=

(SELECT DepartmentID

FROM Employee

WHERE EmployeeID=1234)

此陳述式是哪個項目的範例：

(A)笛卡兒乘積　　　　　　(B)外部聯結

(C)子查詢　　　　　　　　(D)等位

(　　) 33.在SELECT敘述中的GROUP BY子句，可以和哪個子句組合使用？

(A)HAVING子句　　　　　(B)COUNTED子句

(C)互相關聯的子句　　　　(D)COMPUTING 子句

(　　) 34.您需要讓新員工向您的資料庫驗證其身分。您應該使用哪個命令？

(A)ADD USER　　　　　　(B)ALLOW USER

(C)ALTER USER　　　　　(D)CREATE USER

(E)INSERT USER

(　　) 35.使用UPDATE敘述在一次最多可修改幾個表格？

(A)表格數目沒有限制

(B)只要表格之間包含共同的索引，一個查詢做多可以修改兩個表格

(C)只要表格沒有定義UPDATE觸發機制，一次可以修改一個以上的表格

(D)UPDATE敘述最多只能更新一個表格

【第三回合模擬試題解答】

1	2	3	4	5
(A,B,C)	(C)	(A)	(B)	(D)
6	7	8	9	10
(D)	(A)	(A)	(B)	(A)
11	12	13	14	15
(D)	(B)	(A)	(D)	(C)
16	17	18	19	20
(B)	(C)	(C)	(B)	(D)
21	22	23	24	25
(A)	(A)	(B)	(C)	(D)
26	27	28	29	30
(B)	(C)	(B)	(C)	(D)
31	32	33	34	35
(A)	(C)	(A)	(D)	(A)

資料庫系統－MTA 認證影音教學

附影音光碟

作者 / 李春雄

總策劃 / 翊利得資訊科技有限公司

執行編輯 / 吳佩珊

發行人 / 陳本源

出版者 / 全華圖書股份有限公司

郵政帳號 / 0100836-1 號

印刷者 / 宏懋打字印刷股份有限公司

圖書編號 / 06189007

初版一刷 / 2012 年 4 月

定價 / 新台幣 420 元

ISBN / 978-957-21-8414-1 (平裝附影音光碟)

全華圖書 / www.chwa.com.tw

全華網路書店 Open Tech / www.opentech.com.tw

若您對書籍內容、排版印刷有任何問題,歡迎來信指導 book@chwa.com.tw

臺北總公司(北區營業處)
地址:23671 新北市土城區忠義路 21 號
電話:(02) 2262-5666
傳真:(02) 6637-3695、6637-3696

中區營業處
地址:40256 臺中市南區樹義一巷 26 號
電話:(04) 2261-8485
傳真:(04) 3600-9806

南區營業處
地址:80769 高雄市三民區應安街 12 號
電話:(07) 862-9123
傳真:(07) 862-5562

23671 新北市土城區忠義路21號

全華圖書股份有限公司

行銷企劃部 收

廣　告　回　信
板橋郵局登記證
板橋廣字第540號

歡迎加入 全華會員

● 會員享購書折扣、紅利積點、生日禮金、不定期優惠活動…等。

● **如何加入會員**
填妥讀者回函卡直接傳真 (02) 2262-0900 或寄回，將由專人協助登入會員資料，待收到 E-MAIL 通知後即可成為會員。

如何購買全華圖書？

1. 網路購書
全華網路書店「http://www.opentech.com.tw」，加入會員購書更便利，並享有紅利積點回饋等各式優惠。

2. 全華門市、全省書局
歡迎至全華門市（新北市土城區忠義路 21 號）或全省各大書局、連鎖書店選購。

3. 來電訂購
(1) 訂購專線：(02) 2262-5666 轉 321-324
(2) 傳真專線：(02) 6637-3696
(3) 郵局劃撥（帳號：0100836-1　戶名：全華圖書股份有限公司）
※ 購書未滿一千元者，酌收運費 70 元。

OpenTech.com.tw 全華網路書店

全華網路書店 www.opentech.com.tw
E-mail: service@chwa.com.tw

※ 本會員制如有變更則以最新修訂制度為準，造成不便請見諒。